Praxishandbuch MM-Kontenfindung in SAP® ERP und SAP S/4HANA

Martin Munzel

Willkommen bei Espresso Tutorials!

Unser Ziel ist es, SAP-Wissen wie einen Espresso zu servieren: Auf das Wesentliche verdichtete Informationen anstelle langatmiger Kompendien – für ein effektives Lernen an konkreten Fallbeispielen. Viele unserer Bücher enthalten zusätzlich Videos, mit denen Sie Schritt für Schritt die vermittelten Inhalte nachvollziehen können. Besuchen Sie unseren YouTube-Kanal mit einer umfangreichen Auswahl frei zugänglicher Videos:

https://www.youtube.com/user/EspressoTutorials.

Kennen Sie schon unser Forum? Hier erhalten Sie stets aktuelle Informationen zu Entwicklungen der SAP-Software, Hilfe zu Ihren Fragen und die Gelegenheit, mit anderen Anwendern zu diskutieren:

http://www.fico-forum.de.

Eine Auswahl weiterer Bücher von Espresso Tutorials:

- Ingo Licha: **Rechnungsprüfung mit SAP® ERP (MM)**
  http://5026.espresso-tutorials.com
- Ingo Licha: **Bestandsführung und Kontenfindung in SAP® ERP MM**
  http://5058.espresso-tutorials.com
- Ingo Licha: **Einkaufsorientierte Bedarfsplanung mit SAP®**
  http://5084.espresso-tutorials.com
- Christoph Theis, Stefan Eifler: **Werteflüsse in die SAP®-Ergebnisrechnung (CO-PA)**
  http://5135.espresso-tutorials.de
- Muhamed Karalic: **Praxishandbuch Materialstammdaten in SAP® ERP**
  http://5204.espresso-tutorials.de
- Claudia Jost: **Lieferantenbeurteilung mit SAP® MM**
  http://5291.espresso-tutorials.de

Bibliografische Information der Deutschen Nationalbibliothek
Die Deutsche Nationalbibliothek verzeichnet diese Publikation in der Deutschen Nationalbibliografie; detaillierte bibliografische Daten sind im Internet über http://dnb.dnb.de abrufbar.

Martin Munzel
Praxishandbuch MM-Kontenfindung in SAP® ERP und SAP S/4HANA

ISBN: 978-3-945170-77-9

Lektorat: Anja Achilles

Korrektorat: Die Korrekturstube

Coverdesign: Philip Esch

Coverfoto: © TEEREXZ | ID 159176783 – stock.adobe.com

Satz & Layout: Johann-Christian Hanke

1. Auflage 2019

URL: *www.espresso-tutorials.de*

Feedback:
Wir freuen uns über Fragen und Anmerkungen jeglicher Art. Bitte senden Sie diese an: *info@espresso-tutorials.com*.

Inhaltsverzeichnis

Vorwort

Die Idee zu diesem Buch entstand während eines Kundenprojektes zur Reorganisation der MM-Bewertungsklassen mit anschließender Kontenplanumstellung. Zu meinen Aufgaben gehörte es unter anderem, die vom Kunden in der MM-Kontenfindung vorgenommenen Einstellungen zu untersuchen und anschließend zu bereinigen. Ich muss offen gestehen, dass ich bis dahin immer einen großen Bogen um die komplizierte MM-Kontenfindung gemacht hatte, weil ich nicht verstanden hatte, was all die kryptischen Vorgangsschlüssel im Detail bedeuten. Nun gab es aber keine Ausreden mehr, ich musste mich den dreistelligen Codes stellen.

Im Laufe des Projektes wunderte ich mich immer mehr, warum es zu der Zeit außer der äußerst spärlichen SAP-Dokumentation keine ausführliche Beschreibung der Vorgangsschlüssel gab. So reifte die Idee, diese Beschreibung ganz einfach selbst zu erstellen – und hiermit liegt sie nun vor.

In diesem Buch erläutere ich zunächst die grundsätzliche Funktionalität der MM-Kontenfindung, um dann auf die Konfiguration derselben einzugehen. Den Hauptbestandteil des Buches macht Kapitel 3 aus, in dem ich die vollständige Liste aller Vorgangsschlüssel nach Prozessen sortiert mit Buchungsbeispielen vorstelle. Das Buch soll vor allem als Nachschlagewerk dienen, weshalb ich die Vorgangsschlüssel zwecks leichteren Auffindens in die Abschnittsüberschriften eingefügt habe.

Dieses Buch richtet sich an Berater und Inhouse-Berater sowie Key-User aus den Bereichen Materialwirtschaft, Finanzbuchhaltung und Controlling, die in ihrem Unternehmen mit der Einführung oder Wartung der MM-Kontenfindung betraut sind. Grundlegende Kenntnisse über SAP im Allgemeinen sowie der genannten Bereiche im Speziellen setze ich voraus, damit Sie mit den Beispielen im Buch arbeiten können.

Mit S/4HANA hat sich nicht wirklich viel in der MM-Kontenfindung geändert. Im Wesentlichen beschränkt es sich auf eine Modifikation im Material Ledger, die ich an der entsprechenden Stelle erläutere.

Danksagungen

Zwar habe ich dieses Buch während meiner regulären Arbeitszeit geschrieben, sodass meine Familie nicht unter meiner Abwesenheit oder abendlichen Schreibexzessen leiden musste. Es hat sich aber bewährt, mich in jedem Buch bei meiner Frau Renata zu bedanken. Dies tue ich hiermit.

Meine Söhne Philip (13) und Jan (11) haben neulich erklärt, dass sie gern einmal eine Art Zukunftstag bei Espresso Tutorials machen und mir einen Tag lang zusehen möchten, was ich eigentlich so die ganze Zeit tue. Bisher haben sie das immer wieder verschoben, aber ich danke ihnen bereits jetzt für ihr Interesse (auch wenn ich nicht glaube, dass sie es länger als eine Stunde aushalten werden).

Ich widme dieses Buch meiner äußerst geschätzten Kundin Marianne Hennies. Sie hatte die initiale Idee dafür und musste leider zwei Jahre lang darauf warten. Für diese Geduld gebührt ihr ebenfalls besonderer Dank.

Im Text verwenden wir Kästen, um wichtige Informationen besonders hervorzuheben. Jeder Kasten ist zusätzlich mit einem Piktogramm versehen, das diesen genauer klassifiziert:

Hinweis

Hinweise bieten praktische Tipps zum Umgang mit dem jeweiligen Thema.

Beispiel

Beispiele dienen dazu, ein Thema besser zu illustrieren.

Achtung

Warnungen weisen auf mögliche Fehlerquellen oder Stolpersteine im Zusammenhang mit einem Thema hin.

Die Form der Anrede

Um den Lesefluss nicht zu beeinträchtigen, wird im vorliegenden Buch bei personenbezogenen Substantiven und Pronomen zwar nur die gewohnte männliche Sprachform verwendet, stets aber die weibliche Form gleichermaßen mitgemeint.

Hinweis zum Urheberrecht

Sämtliche in diesem Buch abgedruckten Screenshots unterliegen dem Copyright der SAP SE sowie Adobe. Alle Rechte an den Screenshots hält die SAP SE. Der Einfachheit halber haben wir im Rest des Buches darauf verzichtet, dies unter jedem Screenshot gesondert auszuweisen.

1 Einführung in die Steuerungselemente der MM-Kontenfindung

Zu Beginn dieses Buches möchte ich Ihnen zunächst erläutern, was die MM-Kontenfindung überhaupt ist, um Ihnen dann zu zeigen, wie Sie anhand eines gebuchten Materialbelegs herausfinden können, auf welche Weise die gebuchten Konten ermittelt wurden. Darauf aufbauend stelle ich Ihnen die grundlegenden Steuerungselemente der Kontenfindung in SAP MM vor.

Wann immer im SAP-System Materialbewegungen stattfinden – sei es ein Wareneingang, ein Warenausgang oder eine Umlagerung –, werden dabei Materialbelege gebucht. Durch die Integration von Mengen- und Werteflüssen in SAP ERP ziehen die meisten Materialbelege gleichzeitig Belege in der Finanzbuchhaltung und im Controlling nach sich. Bei der MM-Kontenfindung handelt es sich um ein Regelwerk, das Sie im Customizing hinterlegen und anhand dessen die zu buchenden Sachkonten für die FI/CO-Belege ermittelt werden.

Wichtig für Ihr Verständnis dieses Regelwerks ist als Erstes, dass Sie lernen nachzuvollziehen, wie die Sachkonten in einem bereits gebuchten Beleg zustande gekommen sind. Ich zeige Ihnen zunächst exemplarisch, auf welche Weise Sie zu einem bestehenden Materialbeleg herausfinden können, wie das System die zu buchenden Konten in der Finanzbuchhaltung ermittelt. Dazu erläutere ich Schritt für Schritt die wesentlichen Bestandteile im Customizing der MM-Kontenfindung.

In Abbildung 1.1 sehen Sie beispielhaft, wie zu einer Kostenstelle mithilfe der Transaktion *MIGO* der Warenausgang von *10 Pumpen* erfasst wird. Wir verwenden dafür die Bewegungsart *201* (WA [Warenausgang] FÜR KOSTENSTELLE); was eine Bewegungsart ist, erläutere ich im Anschluss.

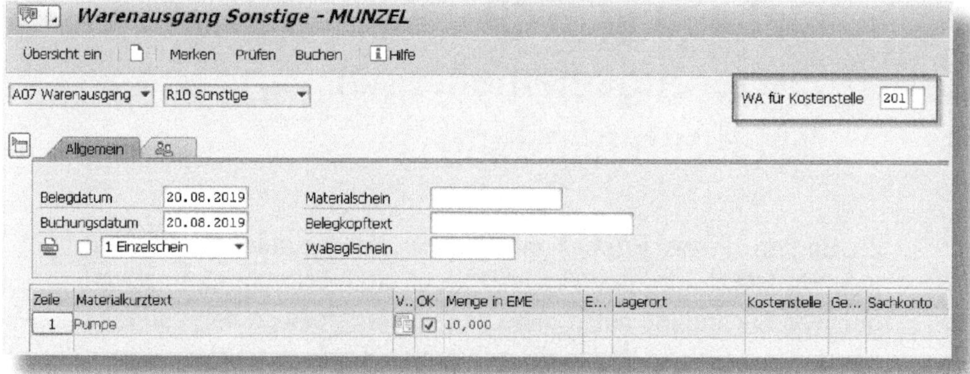

Abbildung 1.1: Beispiel für eine Warenausgangsbuchung

Wenn Sie den Beleg gebucht haben, können Sie ihn sich anschließend anzeigen lassen und im Reiter Beleginfo in die Rechnungswesenbelege (RW-Belege) springen (siehe Abbildung 1.2).

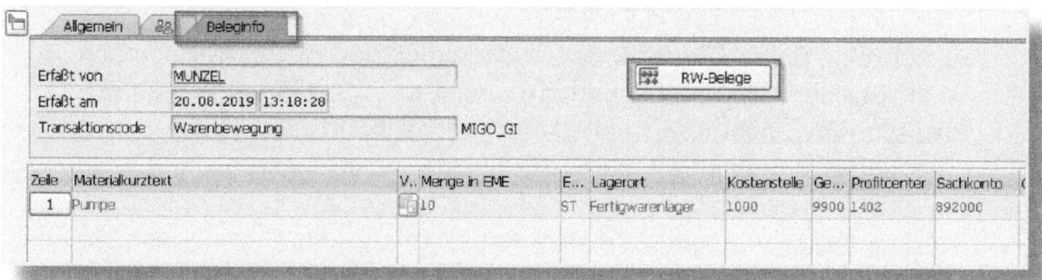

Abbildung 1.2: Materialbeleganzeige

Daraufhin öffnet sich ein Pop-up mit einer Übersicht über alle Rechnungswesenbelege, die zu diesem Materialbeleg gebucht wurden (siehe Abbildung 1.3).

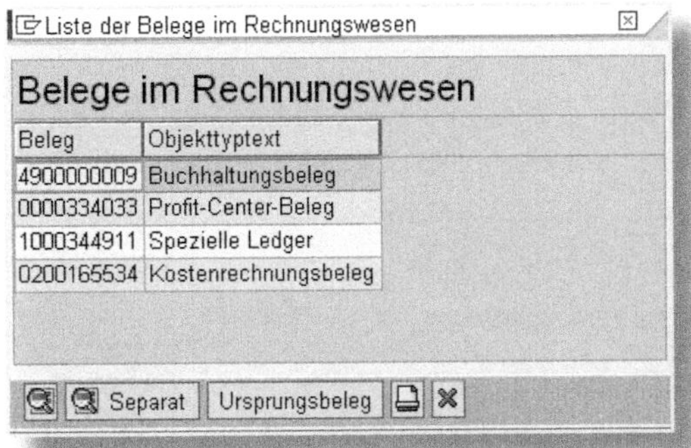
Liste der Belege im Rechnungswesen

Belege im Rechnungswesen

Beleg	Objekttyptext
4900000009	Buchhaltungsbeleg
0000334033	Profit-Center-Beleg
1000344911	Spezielle Ledger
0200165534	Kostenrechnungsbeleg

Separat | Ursprungsbeleg

Abbildung 1.3: Übersicht Rechnungswesenbelege

Wenn Sie aus dieser Liste den *Buchhaltungsbeleg* auswählen, können Sie überprüfen, welche Sachkonten zur Buchung des Warenausgangs herangezogen wurden (siehe Abbildung 1.4).

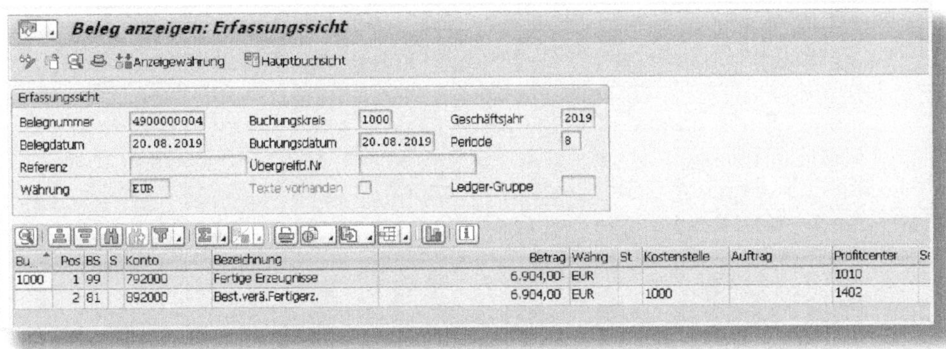
Beleg anzeigen: Erfassungssicht

Anzeigewährung | Hauptbuchsicht

Erfassungssicht

Belegnummer	4900000004	Buchungskreis	1000	Geschäftsjahr	2019
Belegdatum	20.08.2019	Buchungsdatum	20.08.2019	Periode	8
Referenz		Übergreifd.Nr			
Währung	EUR	Texte vorhanden		Ledger-Gruppe	

Bu	Pos	BS	S	Konto	Bezeichnung	Betrag	Währg	St	Kostenstelle	Auftrag	Profitcenter
1000	1	99		792000	Fertige Erzeugnisse	6.904,00-	EUR				1010
	2	81		892000	Best.verä.Fertigerz.	6.904,00	EUR		1000		1402

Abbildung 1.4: Anzeige Buchhaltungsbeleg

Nun stellt sich die Frage, wie diese Buchung zustande gekommen ist und warum genau diese Konten herangezogen wurden. Das Schlüsselelement der MM-Kontenfindung hierfür heißt *Vorgang*.

1.1 Vorgänge

Um herauszufinden, welcher Vorgang der MM-Kontenfindung in einem Buchhaltungsbeleg verwendet wurde, passen Sie zunächst einmal über den Button [Button] das Layout zur Beleganzeige an und blenden das Feld Vorgang ein.

Feld »Vorgang« in der Beleganzeige

Es gibt zum Buchhaltungsbeleg zwei Felder mit der Bezeichnung »Vorgang«. Lassen Sie sich im Zweifel beide anzeigen.

In Abbildung 1.5 sehen Sie nun die zusätzlich eingeblendete Spalte für den Vorgang (Vor). Der *Vorgang* ist ein zentrales Element der MM-Kontenfindung und bestimmt den Buchungssachverhalt. Je nach logischem Sachverhalt (z. B. Wareneingang zur Bestellung, Warenausgang zum Fertigungsauftrag, Verbrauch zur Kostenstelle etc.) können Sie anhand des Vorgangs festlegen, welche Konten dabei zur Buchung herangezogen werden sollen. Im vorliegenden Beispiel wurden die Vorgänge *BSX* (Bestandsbuchung) und *GBB* (Gegenbuchung zur Bestandsbuchung) verwendet.

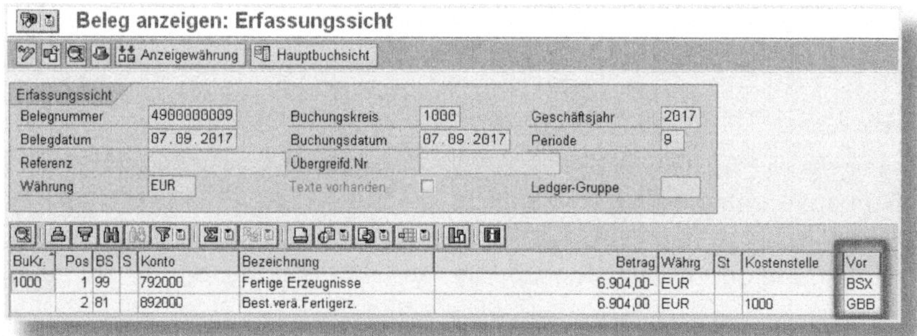

Abbildung 1.5: Beleganzeige mit eingeblendetem Vorgang

Diese Vorgänge der MM-Kontenfindung werden in *Vorgangsschlüssel* aus je drei Buchstaben »übersetzt«. Sie stellen das Bindeglied zwischen den *Bewegungsarten* und den zu ermittelnden Konten dar. Die Bewegungsart steuert u. a. diverse Sachverhalte, die allerdings nur für die Logistik von Relevanz sind, wie etwa die Ermittlung des Lagerortes, die Mengen- und Wertrelevanz, die Statistikrelevanz u. v. a. m. Aus Sicht der Finanzbuchhaltung ist die sogenannte *Kontomodifikation* bedeutsam; über sie erfolgt die Zuordnung der Bewegungsarten zu den Vorgangsschlüsseln, um die zu buchenden Sachkonten zu ermitteln.

1.2 Kontomodifikation

Jede Materialbewegung wird in den Logistikmodulen MM, SD, QM, PS, PM und SD mit einem dreistelligen Bewegungsartencode klassifiziert. Im Beispiel haben wir die Bewegungsart *201* verwendet (vgl. Abbildung 1.1). Um zu überprüfen, mit welchem Vorgang diese verknüpft ist, gehen Sie im Customizing zum Menüpunkt Materialwirtschaft • Bestandsführung und Inventur • Bewegungsarten • Bewegungsarten kopieren, ändern (Transaktion *OMJJ*). Wenn Sie hier eine Bewegungsart auswählen und zum Unterpunkt Kontomodifikation verzweigen, sehen Sie die in Abbildung 1.6 dargestellte Übersicht.

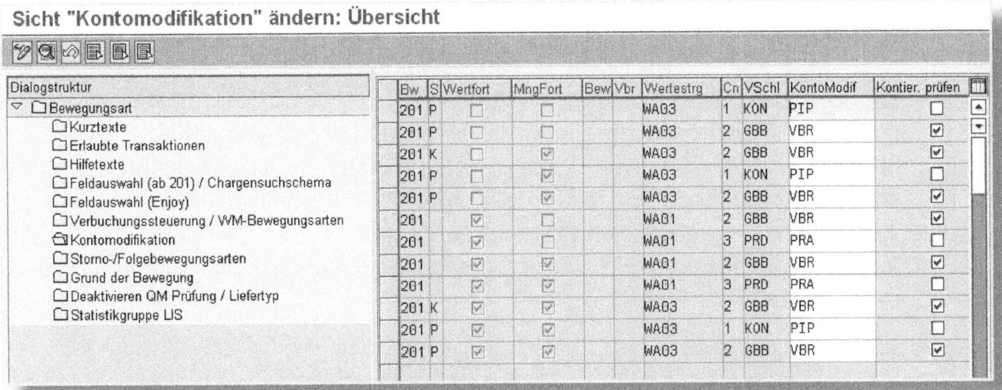

Sicht "Kontomodifikation" ändern: Übersicht

Dialogstruktur
- Bewegungsart
  - Kurztexte
  - Erlaubte Transaktionen
  - Hilfetexte
  - Feldauswahl (ab 201) / Chargensuchschema
  - Feldauswahl (Enjoy)
  - Verbuchungssteuerung / WM-Bewegungsarten
  - Kontomodifikation
  - Storno-/Folgebewegungsarten
  - Grund der Bewegung
  - Deaktivieren QM Prüfung / Liefertyp
  - Statistikgruppe LIS

Bw	S	Wertfort	MngFort	Bew	Vbr	Wertestrg	Cn	VSchl	KontoModif	Kontier. prüfen
201	P	☐	☐			WA03	1	KON	PIP	☐
201	P	☐	☐			WA03	2	GBB	VBR	☑
201	K	☐	☑			WA03	2	GBB	VBR	☑
201	P	☐	☑			WA03	1	KON	PIP	☐
201	P	☐	☑			WA03	2	GBB	VBR	☑
201		☑	☐			WA01	2	GBB	VBR	☑
201		☑	☐			WA01	3	PRD	PRA	☐
201		☑	☑			WA01	2	GBB	VBR	☑
201		☑	☑			WA01	3	PRD	PRA	☐
201	K	☑	☑			WA03	2	GBB	VBR	☑
201	P	☑	☑			WA03	1	KON	PIP	☐
201	P	☑	☑			WA03	2	GBB	VBR	☑

Abbildung 1.6: Zuordnung der Bewegungsarten zum Vorgangsschlüssel

Die Übersicht zeigt diverse Szenarien, wie die Bewegungsart 201 eingesetzt werden kann. Für die Ermittlung des Vorgangsschlüssels ist es von Bedeutung, ob die Buchung in Bezug zu einem Sonderbestand (Spalte S), mit oder ohne Wertfortschreibung (Spalte Wertfort) bzw. mit oder ohne Mengenfortschreibung (Spalte MngFort) erfolgen soll.

Sonderbestände betreffen logistische Fälle, in denen Material

- bei Geschäftspartnern lagert (Kundenkonsignation, Lieferantenbeistellbestand),
- speziell reserviert ist (Kundeneinzelbestand, Projektbestand) oder
- zwar im eigenen Werk vorhanden ist, aber einem Geschäftspartner gehört (Lieferantenkonsignation, Pipeline-Material).

Wertfortschreibung bedeutet, dass ein bestandsgeführtes Material einen Wert hat. Dies wird in der Regel der Fall sein. Manchmal, wie z. B. bei Schüttgut oder Material mit sehr geringem Wert, kann es aber auch sinnvoll sein, ein Material ohne Wert zu führen.

Analog dazu ist die *Mengenfortschreibung* im System optional, d. h., es kann bestimmte Materialien geben, für die keine Menge im System hinterlegt sein soll.

Für jede mögliche Kombination aus Sonderbestand, Wertfortschreibung und Mengenfortschreibung ist in der Tabelle in Abbildung 1.6 über die Spalte VSchl vorgegeben, anhand welches Vorgangsschlüssels die Kontenfindung erfolgen soll. In unserem Beispiel hatten wir keinen Sonderbestand, und das Material war sowohl mengen- als auch wertgeführt. Die relevanten Zeilen sind also die in Abbildung 1.7 dargestellten.

201	☑	☑			WA01	2	GBB	VBR
201	☑	☑			WA01	3	PRD	PRA

Abbildung 1.7: Kontomodifikation für das Beispiel

Es bleiben demnach nur zwei Zeilen mit Zuordnungen zur Kontomodifikation übrig – aber warum sind es **zwei** Zeilen, und welche ist die richtige? Und warum ist der Vorgangsschlüssel BSX aus dem Buchhaltungsbeleg hier nicht aufgelistet?

Die letztgenannte Frage ist leicht zu beantworten: Im System sind bestimmte Vorgangsschlüssel – dazu gehört auch BSX – fest voreingestellt und können nicht geändert werden. So wird die Bestandsbuchung für alle Materialbuchungen generell über den Schlüssel BSX abgebildet und ist somit gänzlich unabhängig von der Bewegungsart.

Dass an dieser Stelle zwei Vorgangsschlüssel hinterlegt sind, liegt darin begründet, dass bei Wareneingangsbuchungen mitunter Preisdifferenzen entstehen können (wo überall, wird Ihnen noch ausführlicher in Kapitel 3 begegnen). Diese werden immer über den Vorgangsschlüssel PRD behandelt. Da in unserem Beispiel aber keine Preisdifferenzen angefallen sind, ist die für unsere Buchung relevante Zeile die erste in Abbildung 1.7 mit dem Vorgangsschlüssel *GBB*. Somit haben wir nachvollzogen, woher dieser Vorgangsschlüssel im Buchhaltungsbeleg kam: Er wurde anhand der Bewegungsart ermittelt.

So bleibt noch die Frage, welchen Zweck die Spalte KontoModif (Kontomodifikation) erfüllt. Die Kontomodifikation dient dazu, die Vorgangsschlüssel weiter zu untergliedern. Dies ist nur für manche Vorgangsschlüssel möglich – für die Preisdifferenzen (Vorgangsschlüssel PRD) ist eine weitere Detaillierung optional; für die Bestandsgegenbuchungen (Vorgangsschlüssel GBB) müssen Sie hingegen noch zusätzliche Unterscheidungen treffen, um z. B. nach Verbrauchsbuchungen, Verschrottung oder Inventurdifferenzen zu unterscheiden.

Wir können also schon einmal Folgendes festhalten:

- Bewegungsarten sind – abhängig von Sonderbeständen sowie der Mengen- und Wertführung – Vorgangsschlüsseln zugeordnet.
- Kontomodifikationen dienen dazu, Vorgangsschlüssel weiter zu differenzieren.

- Manche Vorgangsschlüssel wie BSX sind fest vom System vorgegeben und werden unabhängig von der Bewegungsart ermittelt.

1.3 Automatische Buchungen

Im Customizing-Menüpunkt AUTOMATISCHE BUCHUNGEN verknüpfen Sie schließlich Vorgangsschlüssel und Kontomodifikationen mit Sachkonten.

Dazu gehen Sie im Customizing über den Menüpfad MATERIALWIRTSCHAFT • BEWERTUNG UND KONTIERUNG • KONTENFINDUNG • KONTENFINDUNG OHNE ASSISTENT • AUTOMATISCHE BUCHUNGEN EINSTELLEN (Transaktion *OBYC*). Sie müssen dann auf den Button KONTIERUNG klicken, um zur Übersicht der Vorgangsschlüssel zu gelangen, wie sie in Abbildung 1.8 dargestellt ist.

Wir wollen nun nachvollziehen, wie die Kontenfindung in unserem Beispiel zustande gekommen ist, und drücken daher auf den Vorgang *GBB*. Daraufhin erscheint ein Pop-up, das uns zur Eingabe eines KONTENPLANS auffordert (siehe Abbildung 1.9).

Demnach ist also die Zuordnung von Sachkonten zu Vorgangsschlüsseln vom *Kontenplan* abhängig. Somit sind Eintragungen, die Sie zu den automatischen Buchungen vornehmen, für alle Buchungskreise gültig, die dem entsprechenden Kontenplan zugeordnet sind.

Mehrere Kontenpläne

Falls Sie mehrere Kontenpläne in Ihrem System nutzen, folgt daraus, dass Sie die MM-Kontenfindung mehrfach pflegen müssen. Dies ist ein beträchtlicher Mehraufwand – sofern es noch nicht zu spät ist, sollten Sie unbedingt dafür sorgen, nur einen einzigen Kontenplan zu verwenden!

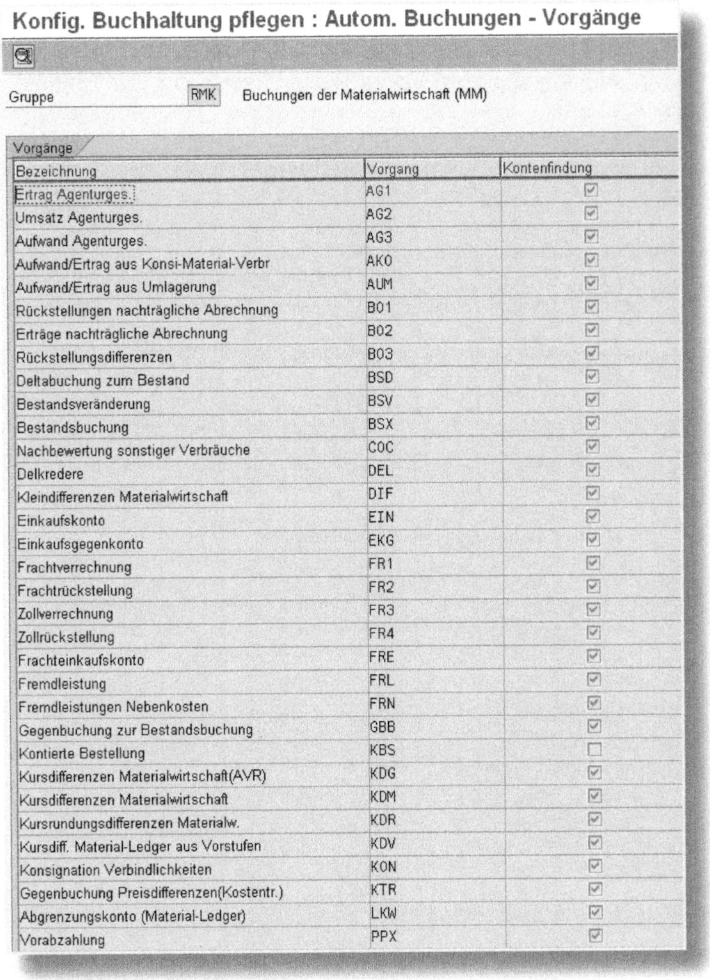

Konfig. Buchhaltung pflegen : Autom. Buchungen - Vorgänge

Gruppe RMK Buchungen der Materialwirtschaft (MM)

Vorgänge

Bezeichnung	Vorgang	Kontenfindung
Ertrag Agenturges.	AG1	☑
Umsatz Agenturges.	AG2	☑
Aufwand Agenturges.	AG3	☑
Aufwand/Ertrag aus Konsi-Material-Verbr	AKO	☑
Aufwand/Ertrag aus Umlagerung	AUM	☑
Rückstellungen nachträgliche Abrechnung	B01	☑
Erträge nachträgliche Abrechnung	B02	☑
Rückstellungsdifferenzen	B03	☑
Deltabuchung zum Bestand	BSD	☑
Bestandsveränderung	BSV	☑
Bestandsbuchung	BSX	☑
Nachbewertung sonstiger Verbräuche	COC	☑
Delkredere	DEL	☑
Kleindifferenzen Materialwirtschaft	DIF	☑
Einkaufskonto	EIN	☑
Einkaufsgegenkonto	EKG	☑
Frachtverrechnung	FR1	☑
Frachtrückstellung	FR2	☑
Zollverrechnung	FR3	☑
Zollrückstellung	FR4	☑
Frachteinkaufskonto	FRE	☑
Fremdleistung	FRL	☑
Fremdleistungen Nebenkosten	FRN	☑
Gegenbuchung zur Bestandsbuchung	GBB	☑
Kontierte Bestellung	KBS	☐
Kursdifferenzen Materialwirtschaft(AVR)	KDG	☑
Kursdifferenzen Materialwirtschaft	KDM	☑
Kursrundungsdifferenzen Materialw.	KDR	☑
Kursdiff. Material-Ledger aus Vorstufen	KDV	☑
Konsignation Verbindlichkeiten	KON	☑
Gegenbuchung Preisdifferenzen(Kostentr.)	KTR	☑
Abgrenzungskonto (Material-Ledger)	LKW	☑
Vorabzahlung	PPX	☑

Abbildung 1.8: Automatische Buchungen einstellen

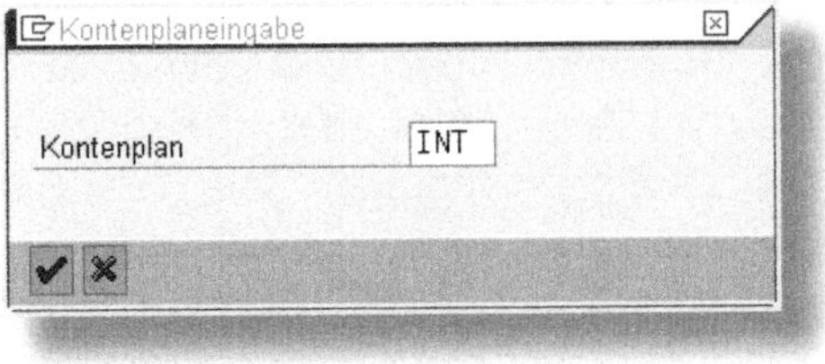

Kontenplaneingabe

Kontenplan INT

Abbildung 1.9: Eingabe des Kontenplans

Nachdem wir den Kontenplan ausgewählt haben, gelangen wir zu dem in Abbildung 1.10 gezeigten Bildschirm und stellen fest, dass die Zuordnung der Sachkonten zum Vorgangsschlüssel von vier Einflussgrößen abhängig ist:

- der Bewertungsmodifikationskonstante (Spalte Bewertungsmodif),
- der Kontomodifikation (Spalte All. Modifik...),
- der Bewertungsklasse sowie
- der Unterscheidung in Soll- und Haben-Buchungen.

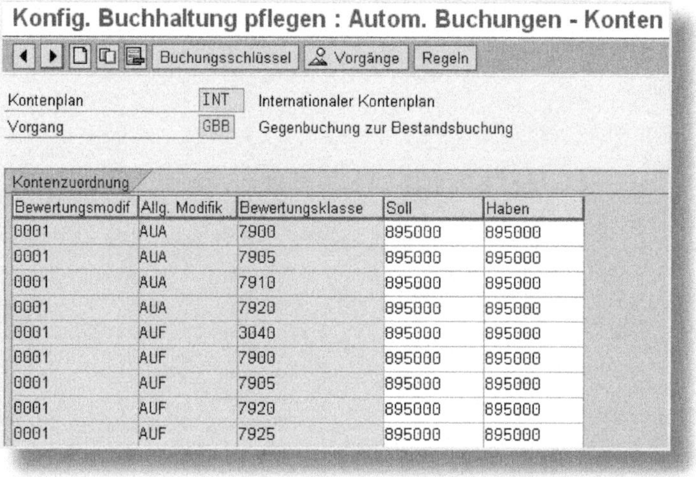

Konfig. Buchhaltung pflegen : Autom. Buchungen - Konten

Buchungsschlüssel | Vorgänge | Regeln

Kontenplan INT Internationaler Kontenplan
Vorgang GBB Gegenbuchung zur Bestandsbuchung

Kontenzuordnung

Bewertungsmodif	Allg. Modifik	Bewertungsklasse	Soll	Haben
0001	AUA	7900	895000	895000
0001	AUA	7905	895000	895000
0001	AUA	7910	895000	895000
0001	AUA	7920	895000	895000
0001	AUF	3040	895000	895000
0001	AUF	7900	895000	895000
0001	AUF	7905	895000	895000
0001	AUF	7920	895000	895000
0001	AUF	7925	895000	895000

Abbildung 1.10: Sachkonten zuordnen

1.4 Bewertungsmodifikationskonstanten

Die Kontomodifikation haben Sie schon kennengelernt; sie dient dazu, den Vorgangsschlüssel weiter zu detaillieren. Was aber verbirgt sich hinter dem ähnlich klingenden, jedoch extrem sperrigen Begriff der *Bewertungsmodifikationskonstante*?

Wie bereits erwähnt, ist die Kontenfindung vom Kontenplan abhängig – und wenn alle Ihre Buchungskreise denselben Kontenplan nutzen, dann ist Ihre MM-Kontenfindung in Ihrem System global gültig. Nun kann es immer vorkommen, dass Sie in einem oder mehreren Buchungskreisen eine abweichende Kontenfindung hinterlegen müssen, weil es z. B. in bestimmten Ländern entsprechende gesetzliche Anforderungen gibt. In diesem Fall hilft Ihnen die Bewertungsmodifikationskonstante, denn sie erlaubt Ihnen, Bewertungskreise zu gruppieren und je Gruppe ggf. eine abweichende Kontenfindung zu hinterlegen. Um dieses Konzept nutzen zu können, müssen Sie zunächst im Customizing unter Materialwirtschaft • Bewertung und Kontierung • Kontenfindung • Kontenfindung ohne Assistent • Bewertungssteuerung festlegen (Transaktion *OMWM*) die Bewertungsmodifikationskonstante aktiv setzen (siehe Abbildung 1.11).

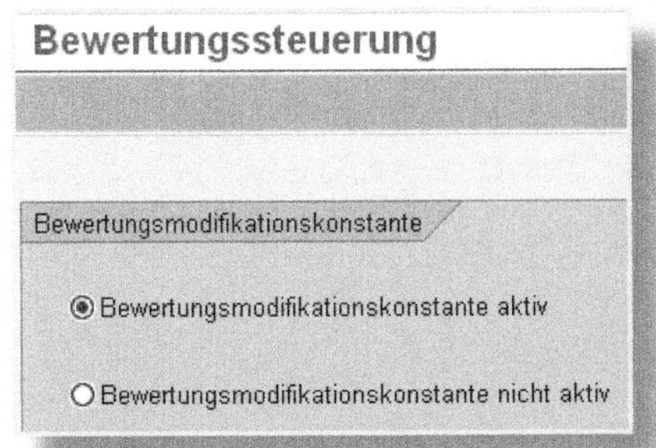

Abbildung 1.11: Bewertungssteuerung

Als Nächstes ordnen Sie Ihren Bewertungskreisen unter Materialwirtschaft • Bewertung und Kontierung • Kontenfindung • Kontenfindung ohne Assistent • Bewertungskreise gruppieren (Transaktion *OMWD*) Bewertungsmodifikationskonstanten zu (siehe Abbildung 1.12). Sie können hier beliebig viele Konstanten verwenden – jeder Bewertungskreis kann seine eigene bekommen, oder Sie fassen mehrere Bewertungskreise zusammen.

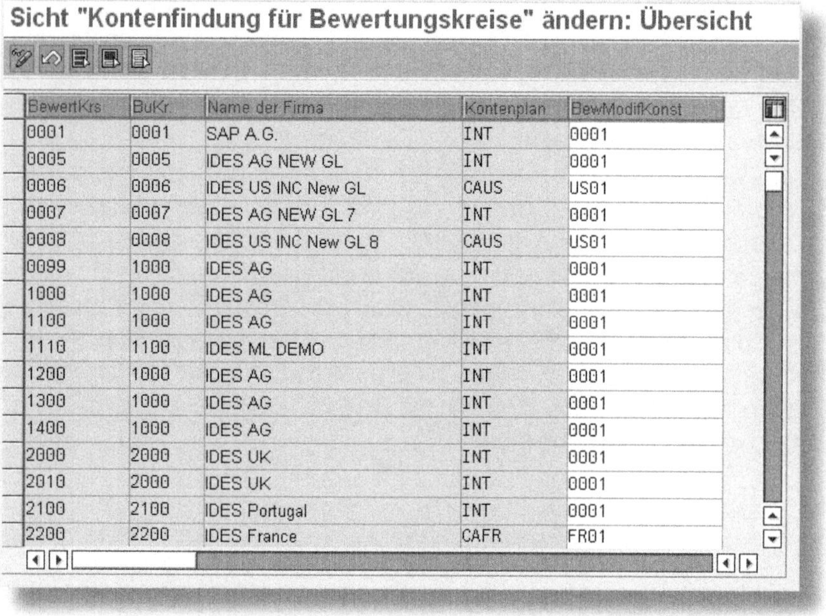

Sicht "Kontenfindung für Bewertungskreise" ändern: Übersicht

BewertKrs	BuKr.	Name der Firma	Kontenplan	BewModifKonst
0001	0001	SAP A.G.	INT	0001
0005	0005	IDES AG NEW GL	INT	0001
0006	0006	IDES US INC New GL	CAUS	US01
0007	0007	IDES AG NEW GL 7	INT	0001
0008	0008	IDES US INC New GL 8	CAUS	US01
0099	1000	IDES AG	INT	0001
1000	1000	IDES AG	INT	0001
1100	1000	IDES AG	INT	0001
1110	1100	IDES ML DEMO	INT	0001
1200	1000	IDES AG	INT	0001
1300	1000	IDES AG	INT	0001
1400	1000	IDES AG	INT	0001
2000	2000	IDES UK	INT	0001
2010	2000	IDES UK	INT	0001
2100	2100	IDES Portugal	INT	0001
2200	2200	IDES France	CAFR	FR01

Abbildung 1.12: Bewertungskreise gruppieren

Was war noch einmal ein *Bewertungskreis*? Dieser kann entweder ein Buchungskreis oder ein Werk sein, abhängig davon, wie Sie Ihre Bewertungssteuerung festgelegt haben. Die Einstellung dazu nehmen Sie im Customizing über UNTERNEHMENSSTRUKTUR • DEFINITION • LOGISTIK ALLGEMEIN • BEWERTUNGSEBENE FESTLEGEN (Transaktion *OX14*) vor (siehe Abbildung 1.13). Die Wahl der *Bewertungsebene* ist dann relevant, wenn mindestens einer Ihrer Buchungskreise mit mehr als einem Werk verknüpft ist. Sie bewirken mit dieser Einstellung, dass Materialien, die in mehreren Werken vorgehalten werden, entweder je Buchungskreis in allen Werken mit demselben Wert geführt (Bewertungsebene »Buchungskreis«) oder je Werk unterschiedlich bewertet werden (Bewertungsebene »Werk«). Ihre Bewertungskreise entsprechen dann entweder Ihren Werken oder Ihren Buchungskreisen, je nachdem, auf welcher Ebene Sie bewerten.

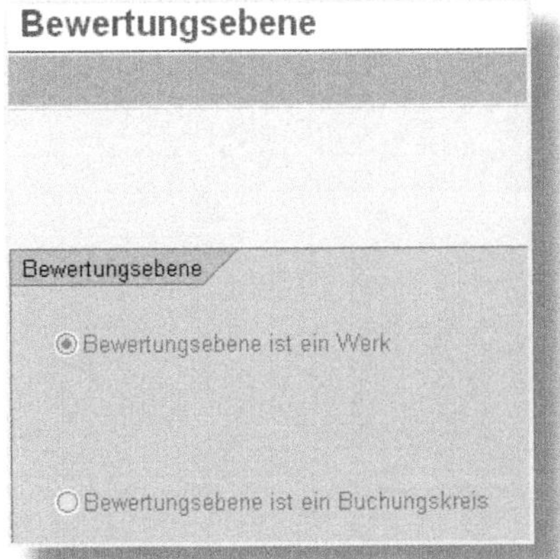

Abbildung 1.13: Bewertungsebene festlegen

1.5 Bewertungsklassen

Kommen wir zurück zur Kontenfindung, die je Vorgang von der Bewertungsmodifikationskonstante, der Kontomodifikation und der Bewertungsklasse abhängig ist. Die ersten beiden Begriffe sind nun geklärt; bleibt noch zu erläutern, was sich hinter der Bewertungsklasse verbirgt.

Eine *Bewertungsklasse* dient der Gliederung der Materialien im Bestand beispielsweise in Rohstoffe, Handelsware oder Fertigprodukte. Neben dieser Einordnung, die der Gesetzgeber in der Regel verlangt, können Sie hier nach Bedarf weitere Unterscheidungen hinterlegen. So können Sie beispielsweise Ihre Hilfs- und Betriebsstoffe in Ersatzteile, Arbeitskleidung und Verbrauchsstoffe unterteilen.

Schauen wir einmal nach, welcher Bewertungsklasse das Material *P-100* zugeordnet ist, das wir in unserer Beispielbuchung verbraucht haben. Dazu lassen wir uns mithilfe der Transaktion *MM03* den zugehörigen Materialstamm im Werk *1000* anzeigen (dem Werk, in dem wir die Verbrauchsbuchung erzeugt haben). Dort verzweigen wir in die Sicht Buchhaltung 1 und finden die Bewertungsklasse im Bereich Aktuelle Bewertung (siehe Abbildung 1.14).

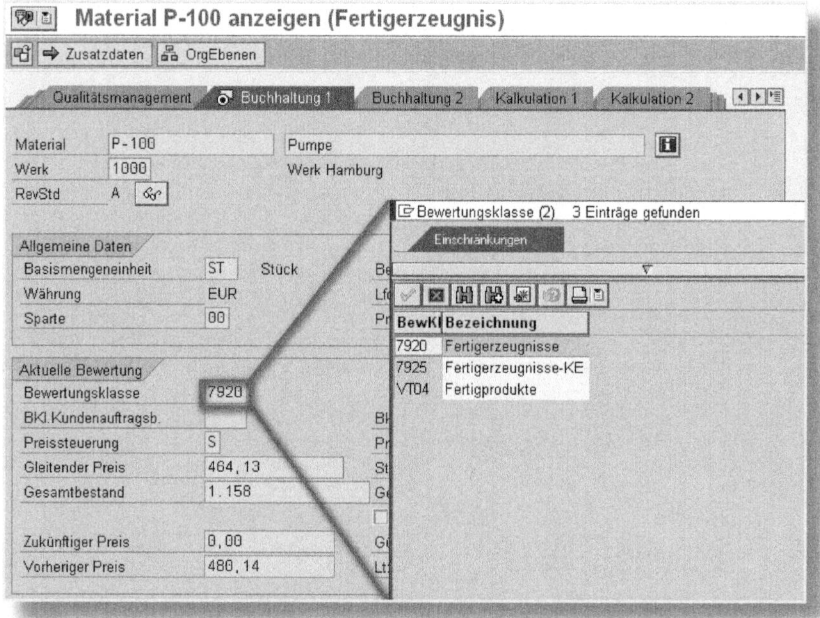

Abbildung 1.14: Bewertungsklasse im Materialstamm

Das Material ist also der Bewertungsklasse *7920* zugeordnet. Indem wir die Eingabehilfe F4 für dieses Feld öffnen, erfahren wir, dass die Bewertungsklasse für *Fertigerzeugnisse* vorgesehen ist. Den Begriff »Fertigerzeugnis« finden wir auch ganz oben in der Bildschirmüberschrift: »Material P-100 anzeigen (Fertigerzeugnis)«. An dieser Stelle ist das jedoch kein Hinweis auf die Bewertungsklasse, sondern auf die Materialart.

Bewertungsklassen vs. Materialarten

Bewertungsklasse und Materialart haben oft gleiche oder ähnliche Ausprägungen, dienen aber unterschiedlichen Zwecken. Über die Materialart steuert das System, welche Sichten im Materialstamm zugelassen sind; die Bewertungsklasse steuert hingegen die Kontenfindung.

Um an dieser Stelle Anwendungsfehler zu verhindern (z. B. ein Material der Materialart »Rohstoff« mit der Bewertungsklasse »Fertigprodukt« zu versehen), können Sie im System festlegen, welche Bewertungsklassen mit welchen Materialarten verknüpft werden dürfen. Um diese Einstellung vorzunehmen, wählen Sie im Customizing den Menüpfad Materialwirtschaft • Bewertung und Kontierung • Kontenfindung • Kontenfindung ohne Assistent • Bewertungsklassen festlegen (Transaktion *OMSK*). Hier führen Sie die folgenden drei Schritte durch:

1. Definieren Sie zunächst *Kontoklassenreferenzen* (KRef, siehe Abbildung 1.15). Diese dienen der Gruppierung von Bewertungsklassen. Sie müssen lediglich einen vierstelligen Schlüssel und eine Bezeichnung hinterlegen. Für Fertigprodukte wie das Material P-100 aus unserem Beispiel wurde hier u. a. die Referenz *0009 (Referenz für Fertigartikel)* angelegt.

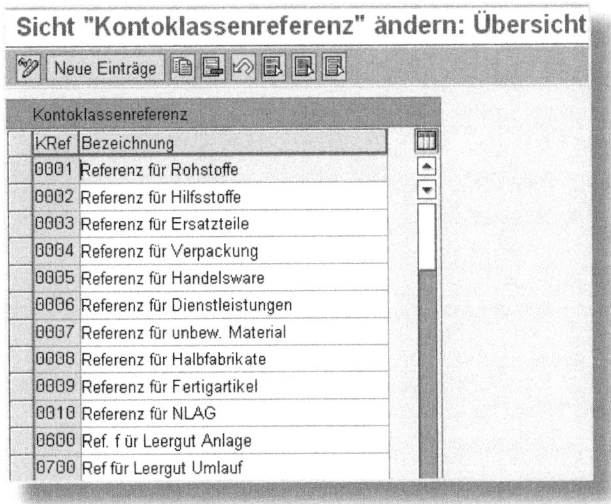
Sicht "Kontoklassenreferenz" ändern: Übersicht

Neue Einträge

Kontoklassenreferenz

KRef	Bezeichnung
0001	Referenz für Rohstoffe
0002	Referenz für Hilfsstoffe
0003	Referenz für Ersatzteile
0004	Referenz für Verpackung
0005	Referenz für Handelsware
0006	Referenz für Dienstleistungen
0007	Referenz für unbew. Material
0008	Referenz für Halbfabrikate
0009	Referenz für Fertigartikel
0010	Referenz für NLAG
0600	Ref. f ür Leergut Anlage
0700	Ref für Leergut Umlauf

Abbildung 1.15: Kontoklassenreferenzen

2. Im nächsten Schritt verknüpfen Sie Ihre Bewertungsklassen mit den Kontoklassenreferenzen, um die erwähnte Gruppierung vorzunehmen. In Abbildung 1.16 sehen Sie, dass die Bewertungsklasse *7920*, die dem verwendeten Material P-100 zugeordnet ist, mit der Kontoklassenreferenz *0009* verknüpft wurde.

Sicht "Bewertungsklassen" ändern: Übersicht

Neue Einträge

Bewertungsklassen

BewKl	KRef	Bezeichnung	Bezeichnung
7905	0008	Halbfabrikate (KE)	Referenz für Halbfabrikate
7910	0008	Halbfabrikate fremd	Referenz für Halbfabrikate
7920	0009	Fertigerzeugnisse	Referenz für Fertigartikel
7925	0009	Fertigerzeugnisse-KE	Referenz für Fertigartikel
8100	0600	Leergut Anlage	Ref. f ür Leergut Anlage
8200	0700	Leergut Umlauf	Ref für Leergut Umlauf
VT01	0001	Rohgemüse	Referenz für Rohstoffe
VT02	0004	Verpackungsmaterial	Referenz für Verpackung
VT03	0005	Handelsware	Referenz für Handelsware
VT04	0009	Fertigprodukte	Referenz für Fertigartikel

Abbildung 1.16: Zuordnung der Bewertungsklassen zu Kontoklassenreferenzen

3. Schließlich ordnen Sie jeder Materialart eine Kontoklassenreferenz zu (siehe Abbildung 1.17). Für die hier verwendete Materialart *FERT* (Fertigerzeugnis) wurde die Kontoklassenreferenz *0009* eingetragen. Damit haben Sie festgelegt, welche Bewertungsklassen je Materialart verwendet werden dürfen – für Fertigprodukte z. B. die Bewertungsklasse 7920.

Sicht "Kontoklassenreferenz/Materialart" ändern: Übersicht

Kontoklassenreferenz/Materialart

MArt	Materialartenbez	KRef	Bezeichnung
EPA	Ausstattungspaket	0004	Referenz für Verpackung
ERSA	Ersatzteile	0003	Referenz für Ersatzteile
FERT	Fertigerzeugnis	0009	Referenz für Fertigartikel
FGTR	Getränke	0005	Referenz für Handelsware

Abbildung 1.17: Verknüpfung der Kontoklassenreferenzen mit den Materialarten

Sie haben nun anhand eines Beispiels die wesentlichen Einflussgrößen der Kontenfindung in SAP MM kennengelernt.

2 Konfiguration der automatischen Buchungen

In diesem Kapitel befassen wir uns näher mit dem Herzstück der MM-Kontenfindung: den automatischen Buchungen. Ich erläutere Ihnen, wie Sie sie einstellen und was Sie dabei beachten sollten.

Es gibt zwei Möglichkeiten, die Konfiguration der automatischen Buchungen aufzurufen: Zum einen, wie bereits im vorherigen Kapitel beschrieben, über den Customizing-Menüpfad MATERIALWIRTSCHAFT • BEWERTUNG UND KONTIERUNG • KONTENFINDUNG. Hier finden Sie den Menüpunkt KONTENFINDUNGSASSISTENT, der Sie durch alle zur Konfiguration der Kontenfindung notwendigen Schritte führt.

In diesem Kapitel möchte ich mich ausschließlich der Kontenfindung ohne diese Unterstützung zuwenden, daher wählen wir die zweite Option zur Konfiguration: den Aufruf über KONTENFINDUNG OHNE ASSISTENT • AUTOMATISCHE BUCHUNGEN EINSTELLEN (Transaktion *OBYC*). Für den Fall, dass die Kontenfindung in Ihrem System einen Fehler aufweist (in der Regel eine fehlende Zuordnung), öffnet sich möglicherweise ein Pop-up ähnlich Abbildung 2.1, das Sie darauf hinweist. Diese Meldung muss nicht unbedingt ein Problem darstellen, da sie auch einen Kontenplan betreffen kann, den Sie gar nicht verwenden, oder auf eine Zuordnung, die Sie im System absichtlich nicht zulassen wollen. Drücken Sie auf ABBRECHEN, um diese Meldung auszublenden.

Automatische Buchungen einstellen

Bewertungskreis 2700

Bewertung

Bewertungskreis	2700	
Bukrs-Referenz	2700	IDES Schweiz
Kontenplan	INT	Internationaler Kontenplan
BewertModifKonst		

Werk

Werk	2700	Werk Biel / Bienne
Bwkrs-Referenz	2700	

Nächster Eintrag | Abbrechen

Abbildung 2.1: Fehlermeldung beim Einstieg in die automatischen Buchungen

Sie gelangen zur Übersicht der automatischen Kontenfindung (siehe Abbildung 2.2), in der Sie auswählen, ob Sie einzelne Kontierungen einstellen, die Einstellungen simulieren oder sich einen Überblick über die je Buchungskreis verwendeten Sachkonten verschaffen wollen.

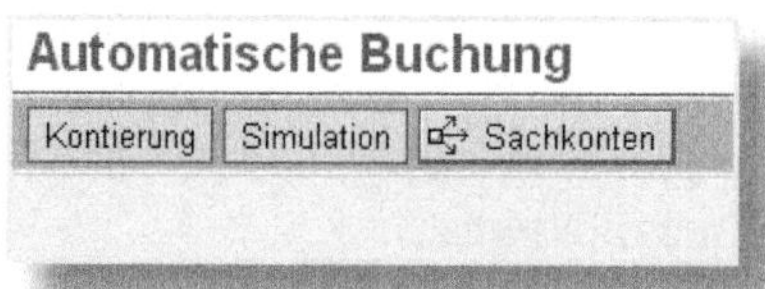

Abbildung 2.2: Einstieg in die automatische Kontenfindung in MM

2.1 Kontierung

Über den Button Kontierung gelangen Sie zur Übersicht über die einzelnen Vorgänge, die Sie bereits in Abbildung 1.8 gesehen haben. In der Spalte Kontenfindung können Sie anhand des Häkchens erkennen, ob für den entsprechenden Vorgang bereits eine Kontenfindung festgelegt ist oder nicht.

Schauen wir uns nun die Einstellungen für den Vorgang *GBB* im Detail an, indem wir auf diesen doppelklicken. Falls Sie die Transaktion gerade neu aufgerufen haben, fordert das System Sie als Erstes auf, den Kontenplan auszuwählen, für den Sie die Einstellungen vornehmen wollen.

Kontenplanwechsel

Möchten Sie in einen anderen Kontenplan wechseln, so ist dies in der Vorgangsübersicht über den Menüpfad Bearbeiten • Kontenplanwechsel möglich.

In Abbildung 2.3 sehen Sie, dass Sie die Kontenfindung in Abhängigkeit von verschiedenen Parametern einstellen können – in diesem Beispiel mit Bezug zur Bewertungsmodifikationskonstante, Kontomodifikation, Bewertungsklasse sowie zu der Tatsache, ob es sich um eine Soll- oder Haben-Buchung handelt.

Konfig. Buchhaltung pflegen : Autom. Buchungen - Konten

Buchungsschlüssel | Vorgänge | Regeln

Kontenplan INT Internationaler Kontenplan
Vorgang GBB Gegenbuchung zur Bestandsbuchung

Kontenzuordnung

Bewertungs	Allg. Modifik	Bewertungs	Soll	Haben
0001	AUA	7900	895000	[illegible]5000
0001	AUA	7905	895000	895000
0001	AUA	7910	895000	895000
0001	AUA	7920	895000	895000
0001	AUF	3040	895000	895000

Abbildung 2.3: Detailsicht für den Vorgang GBB

2.1.1 Regeln

Indem Sie auf den Button Regeln drücken, können Sie vorgeben, welche Abhängigkeiten Sie für die Kontenfindung wünschen (siehe Abbildung 2.4).

Konfig. Buchhaltung pflegen : Autom. Buchungen - Regeln

Konten | Buchungsschlüssel

Kontenplan: INT Internationaler Kontenplan
Vorgang: GBB Gegenbuchung zur Bestandsbuchung

Konten sind vorgegeben abhängig von
- Soll/Haben ☑
- Allg. Modifikation ☑
- Bewertungsmodif ☑
- Bewertungsklasse ☑

Abbildung 2.4: Regeln für automatische Buchungen

Wenn Sie beispielsweise keine Bewertungsmodifikationskonstanten einsetzen, weil alle Ihre Bewertungskreise dieselbe Kontenfindungslogik verwenden sollen, dann können Sie in dieser Einstellung den entsprechenden Haken entfernen. Die Spalte für diesen Parameter verschwindet daraufhin in der Kontenzuordnung.

Ändern der Kontenfindungsregeln

Wenn Sie bereits Kontenzuordnungen gepflegt haben und dann eine der Abhängigkeiten in den Regeln deaktivieren, werden alle zuvor erstellten Kontenzuordnungen gelöscht!

Allgemeine Modifikation

Beachten Sie, dass Sie diese Regeln je Vorgang festlegen. SAP hat das Regelwerk der Kontenfindung so programmiert, dass die allgemeine Modifikation beispielsweise für den Vorgang GBB Pflicht, für PRD optional und für andere Vorgänge wie DIF gar nicht verfügbar ist. Ebenso lässt sich die Abhängigkeit von der Bewertungsmodifikationskonstante nur für bestimmte Vorgänge einblenden und für den Rest nicht.

Teilaktivierung der Bewertungsmodifikationskonstante

Ein Unternehmen arbeitet mit einem globalen Kontenplan, d. h., alle Bewertungskreise verwenden dieselbe Kontenfindung. Für ein Werk in China, wo eine besondere Gesetzgebung herrscht, ist es jedoch notwendig, das Konto für den Wareneingang zu Fertigungsaufträgen abweichend von den anderen Bewertungskreisen zu hinterlegen.

Das Unternehmen aktiviert folglich die Abhängigkeit von der Bewertungsmodifikationskonstante für den Vorgang GBB (unter den der Wareneingang für Fertigungsaufträge fällt), um die Konten für das chinesische Werk anders als die übrigen Bewertungskreise zu hinterlegen. Für alle anderen Vorgänge hingegen deaktiviert dieses Unternehmen die Abhängigkeit von der Bewertungsmodifikationskonstante.

2.1.2 Buchungsschlüssel

Ausgehend von der Detailsicht für einen Vorgang, wie sie in Abbildung 2.3 dargestellt ist, können Sie außerdem vorgeben, mit welchen *Buchungsschlüsseln* Buchungen zu diesem Vorgang erfolgen sollen, indem Sie auf den Button Buchungsschlüssel drücken. Sie sehen dann einen Detailbildschirm gemäß Abbildung 2.5. Buchungsschlüssel werden in der Finanzbuchhaltung definiert und geben u. a. vor, welche Sachkontenfelder beim Buchen verwendet werden dürfen.

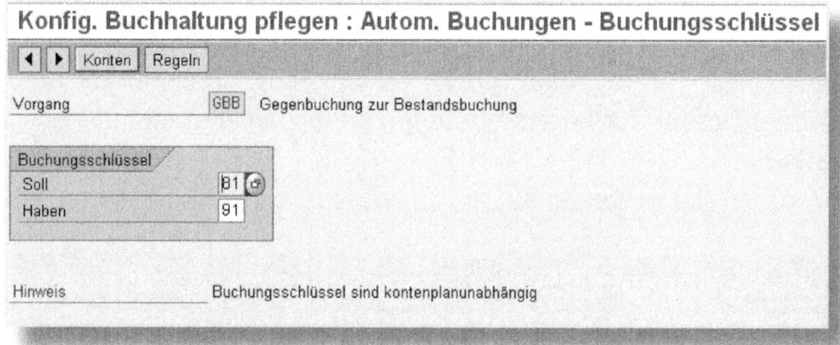

Abbildung 2.5: Einstellungen der Buchungsschlüssel

2.2 Simulation

Mithilfe der *Simulation* können Sie die eingestellten automatischen Buchungen testen, ohne die dazugehörigen logistischen Prozesse durchlaufen zu müssen. Anhand des Beispiels aus Kapitel 1 zeige ich Ihnen, wie Sie mit dieser Funktion die dort gefundenen Konten nachvollziehen. Geben Sie zunächst, wie in Abbildung 2.6 dargestellt, das WERK, das MATERIAL und die BEWEGUNGSART ein. Da die Bewegungsart *201* weitere Optionen anbietet (WARENAUSGANG FÜR KOSTENSTELLE, KOSTENSTELLE AUS KONSIGNATION und PIPELINE FÜR KOSTENSTELLE), doppelklicken Sie auf die zu simulierende – in diesem Fall *Warenausgang (WA) für Kostenstelle*.

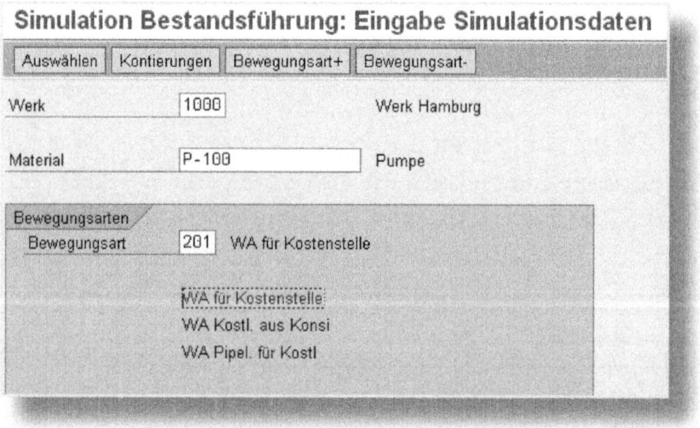

Simulation Bestandsführung: Eingabe Simulationsdaten
Auswählen | Kontierungen | Bewegungsart+ | Bewegungsart-
Werk 1000 Werk Hamburg
Material P-100 Pumpe
Bewegungsarten
Bewegungsart 201 WA für Kostenstelle
WA für Kostenstelle
WA Kostl. aus Konsi
WA Pipel. für Kostl

Abbildung 2.6: Simulation, erster Schritt

Drücken Sie dann auf KONTIERUNGEN, um eine Übersicht darüber zu bekommen, welche Konten für die gewählte Kombination vom System ermittelt werden. Sie erhalten eine Darstellung der Sachkonten für alle möglichen Kombinationen aus Bewertungsmodifikationskonstante, Kontenmodifikation und Bewertungsklasse (siehe Abbildung 2.7).

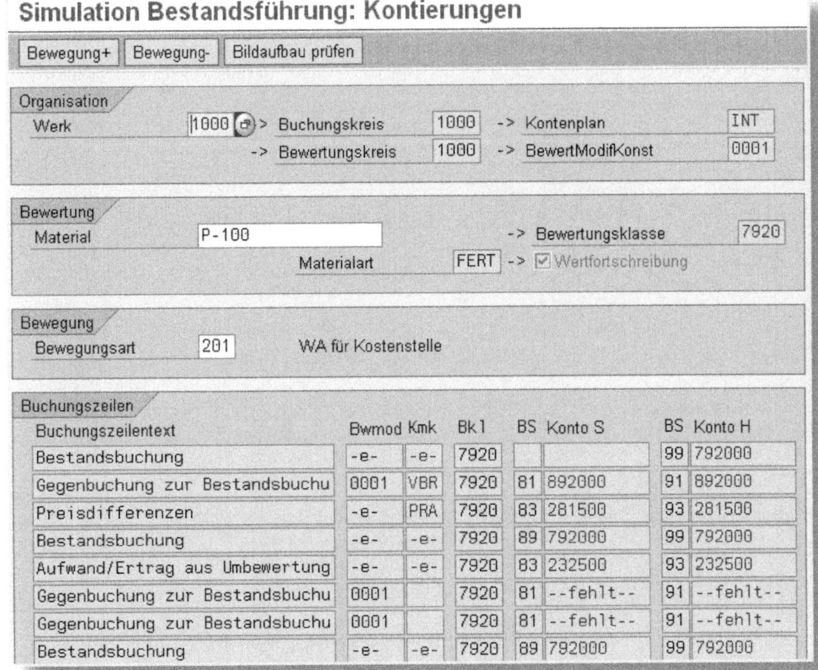

Abbildung 2.7: Simulation von Kontierungen

Eine weitere wichtige Funktion der Simulation rufen Sie über den Button BILDAUFBAU PRÜFEN auf. Diese überprüft, ob es für die gewählte Bewegungsart und die ermittelten Konten Bildauswahl-Konflikte zwischen der Bewegungsart und der Feldstatusgruppe des Sachkontos gibt. Die *Bildauswahl* steuert, welche Felder (wie z. B. Kostenstelle, Personalnummer, Auftrag) überhaupt angezeigt werden und welche davon Pflichtfelder sein sollen. In Abbildung 2.8 sehen Sie z. B. neben der Ziffer ❶, dass in der Feldauswahl der *Bewegungsart 201* die KOSTENSTELLE ein Pflichtfeld ist (erkennbar am Pluszeichen), während sie in der Feldstatusgruppe des Sachkontos ausgeblendet ist (denn in der zugehörigen Spalte KTO steht ein Minuszeichen). Beim Versuch, einen entsprechenden Warenausgang zu buchen, würde das System eine Fehlermeldung ausgeben. Die graue Raute (z. B. in der Zeile ZUORDNUNGSNUMMER) bedeutet, dass das Feld angezeigt wird, aber kein Pflichtfeld ist.

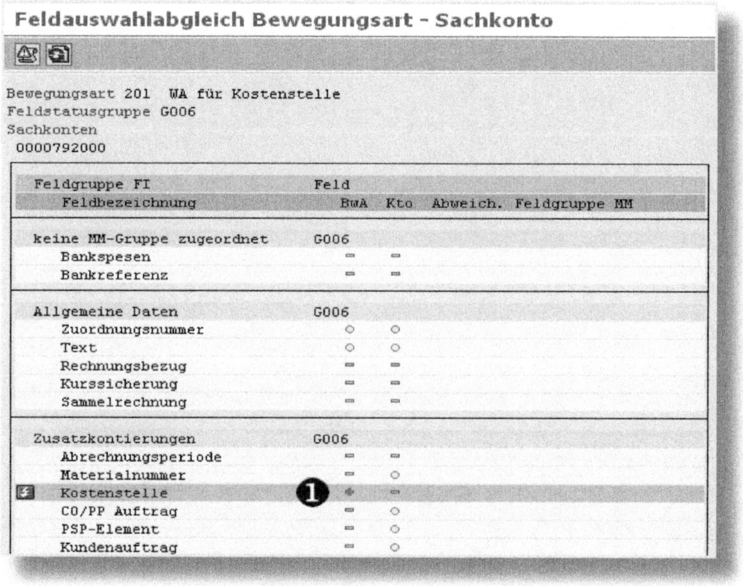

Feldauswahlabgleich Bewegungsart - Sachkonto

Bewegungsart 201 WA für Kostenstelle
Feldstatusgruppe G006
Sachkonten
0000792000

Feldgruppe FI / Feldbezeichnung	Feld BwA	Kto	Abweich. Feldgruppe MM
keine MM-Gruppe zugeordnet	G006		
Bankspesen	-	-	
Bankreferenz	-	-	
Allgemeine Daten	G006		
Zuordnungsnummer	o	o	
Text	o	o	
Rechnungsbezug	-	-	
Kurssicherung	-	-	
Sammelrechnung	-	-	
Zusatzkontierungen	G006		
Abrechnungsperiode	-	-	
Materialnummer	-	o	
Kostenstelle ❶	+	-	
CO/PP Auftrag	-	o	
PSP-Element	-	o	
Kundenauftrag	-	o	

Abbildung 2.8: Feldauswahlabgleich zwischen Bewegungsart und Sachkonto

2.3 Verwendungsnachweis der Sachkonten

Der *Verwendungsnachweis* der Sachkonten ermöglicht Ihnen das Aufrufen einer Gesamtübersicht, die Ihnen alle hinterlegten Kontierungen hierarchisch darstellt (siehe Abbildung 2.9).

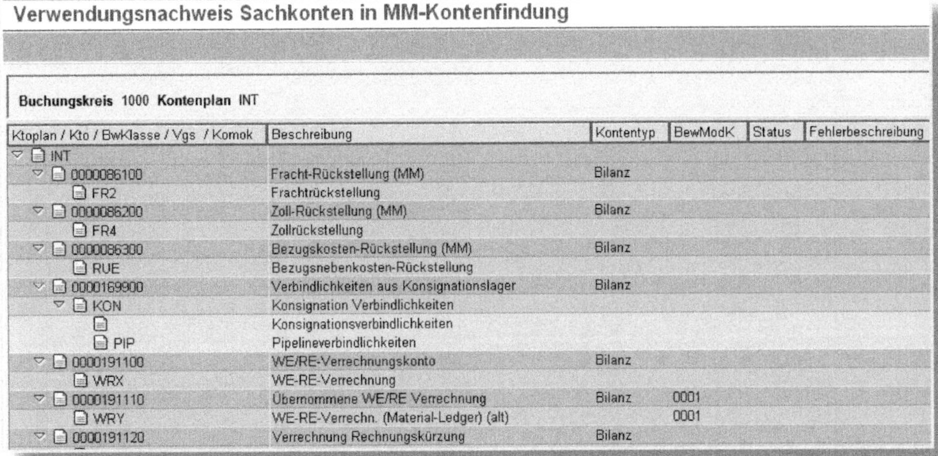

Verwendungsnachweis Sachkonten in MM-Kontenfindung

Buchungskreis 1000 **Kontenplan** INT

Ktoplan / Kto / BwKlasse / Vgs / Komok	Beschreibung	Kontentyp	BewModK	Status	Fehlerbeschreibung
INT					
0000086100	Fracht-Rückstellung (MM)	Bilanz			
FR2	Frachtrückstellung				
0000086200	Zoll-Rückstellung (MM)	Bilanz			
FR4	Zollrückstellung				
0000086300	Bezugskosten-Rückstellung (MM)	Bilanz			
RUE	Bezugsnebenkosten-Rückstellung				
0000169900	Verbindlichkeiten aus Konsignationslager	Bilanz			
KON	Konsignation Verbindlichkeiten				
	Konsignationsverbindlichkeiten				
PIP	Pipelineverbindlichkeiten				
0000191100	WE/RE-Verrechnungskonto	Bilanz			
WRX	WE-RE-Verrechnung				
0000191110	Übernommene WE/RE Verrechnung	Bilanz	0001		
WRY	WE-RE-Verrechn. (Material-Ledger) (alt)		0001		
0000191120	Verrechnung Rechnungskürzung	Bilanz			

Abbildung 2.9: Verwendungsnachweis der Sachkonten

Damit haben Sie einen Überblick über die Konfigurationsmöglichkeiten in der MM-Kontenfindung erhalten. Ich gehe nun auf die Vorgänge im Einzelnen ein.

3 Die Vorgänge im Einzelnen

Die MM-Kontenfindung umfasst eine große Anzahl an Vorgängen, für die Sie eine Kontierung einstellen können. In diesem Kapitel bringe ich Licht in das Dunkel der kryptischen dreistelligen Kürzel, fasse diese logisch zusammen und liefere Buchungsbeispiele für die einzelnen Sachverhalte.

Die Vorgangsschlüssel sind in der Konfiguration der Kontenfindung alphabetisch aufgelistet. Um sie logisch zusammenhängend erklären zu können, habe ich sie in diesem Kapitel den jeweiligen Geschäftsprozessen zugeordnet.

3.1 Der Produktionsprozess

Der Produktionsprozess ist im Hinblick auf die Kontenfindung, verglichen mit anderen Prozessen, verhältnismäßig einfach. Deshalb möchte ich dieses Kapitel mit seiner Darstellung beginnen.

In Abbildung 3.1 sehen Sie einen Überblick über diesen Prozess; die aus Sicht der MM-Kontenfindung relevanten und nachfolgend betrachteten Schritte sind dunkler dargestellt. Die heller unterlegten Schritte haben keine Auswirkung auf die Kontenfindung und werden daher an dieser Stelle nur am Rande beschrieben. Eine ausführlichere Darstellung des Produktkosten-Controllings finden Sie z. B. im Buch »Schnelleinstieg in das SAP-Produktkosten-Controlling (CO-PC)« von Andreas Jansen, das ebenfalls bei Espresso Tutorials (*http://5099.espresso-tutorials.de/*) erschienen ist.

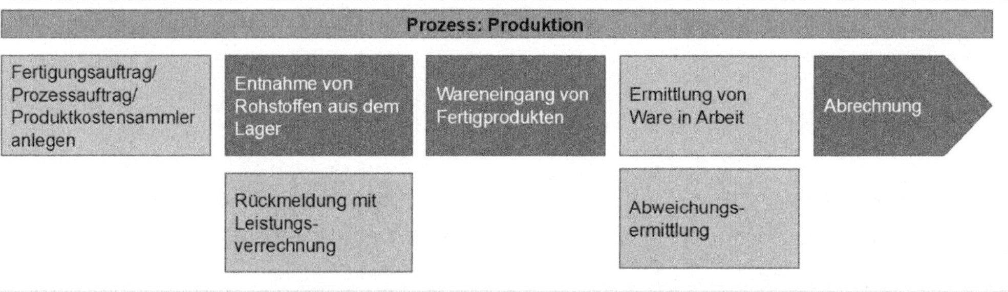

Abbildung 3.1: Schematische Darstellung des Produktionsprozesses

3.1.1 Entnahme von Rohstoffen aus dem Lager

Gehen wir davon aus, dass Sie bereits einen Fertigungsauftrag bzw. einen Prozessauftrag oder einen Produktkostensammler angelegt haben. In der Fertigungssteuerung werden daraufhin Rückmeldungen erfasst, die dazu führen, dass zum einen Leistungen von den Produktionskostenstellen an den Auftrag verrechnet (nicht relevant für die MM-Kontenfindung) und zum anderen Rohstoffe bzw. Halbfabrikate vom Lager entnommen und für den Auftrag verbraucht werden. Diese Buchung erfolgt in der Regel mit der Bewegungsart 261 (Verbrauch zum Auftrag) und führt zu einer Buchung, wie sie in Abbildung 3.2 dargestellt ist.

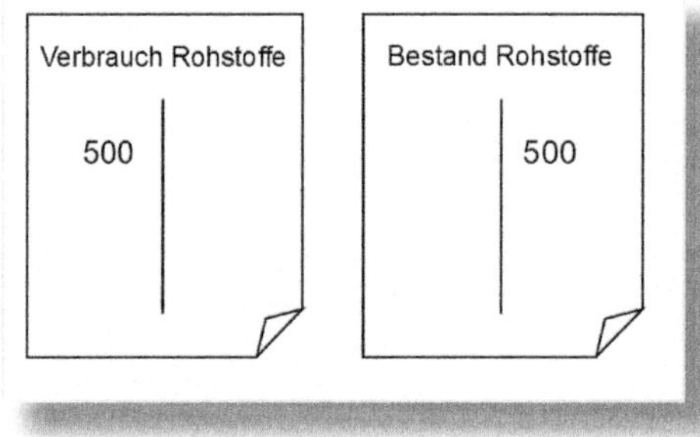

Abbildung 3.2: Verbrauch Rohstoffe

Durch diese Buchung werden zwei Vorgänge in der Kontenfindung angesprochen, die *Bestandsbuchung* und die *Verbrauchsbuchung*, die ich nun erläutere.

Bestandsbuchung (BSX)

Alle Bestandsbuchungen werden über den Vorgang *BSX* abgebildet. Dieser Vorgang nimmt eine Sonderrolle ein, weil er der einzige ist, mit dessen Hilfe Sie Materialbestandskonten hinterlegen. Die Ermittlung des Bestandskontos erfolgt unabhängig von den im MM verwendeten Bewegungsarten und gilt für alle Arten von Materialbewegungen, wie z. B. Warenein- und -ausgänge, Umlagerungen, Verschrottungen.

Die Bestandskonten bilden den kumulierten Bestandswert aller über die Bewertungsklassen zugeordneten Materialien ab. Sie müssen somit immer mit den in der Materialwirtschaft dargestellten Beständen wertmäßig übereinstimmen.

Niemals Bestandskonten manuell bebuchen!

Sie sollten auf keinen Fall erlauben, dass ein Bestandskonto manuell bebuchbar ist (Einstellung im Sachkontenstammsatz), um Diskrepanzen im Bestand zwischen der Finanzbuchhaltung und der Materialwirtschaft zu vermeiden!

Wenn Sie die Kontenfindung für den Vorgang BSX verändern, müssen Sie zunächst den Bestand aller betroffenen Materialien ausbuchen und nach der Änderung wieder einbuchen.

Achten Sie außerdem darauf, die Bestandskonten in keinem anderen Vorgang als in BSX zu verwenden.

Für den Fall, dass Sie Sonderbestände (Kundeneinzelbestand [Bestandstyp E] oder Projektbestand [Bestandstyp Q]) führen, können Sie für diese getrennte Sachkonten verwenden, anstatt sie auf demselben Konto wie den normalen Bestand zu buchen. Dazu können Sie im Materialstamm in der Sicht Buchhaltung 1 separate Bewertungsklassen für die genannten Sonderbestände hinterlegen und diese dann in der MM-Kontenfindung mit eigenen Bestandskonten verknüpfen.

Verbrauchsbuchung (GBB-VBR)

Die Kontenfindung für die im Beispiel gezeigte Gegenbuchung stellt eine »Gegenbuchung zur Bestandsbuchung« dar. Alle diese Gegenbuchungen sind unter dem Vorgang GBB organisiert, der wiederum etliche Untervorgänge (sprich: Kontomodifikationen) enthält.

Der Vorgang *GBB-VBR* bestimmt die Kontenfindung für sämtliche Buchungen, bei denen Material im Zusammenhang mit Kontierungsobjekten aus dem CO oder der Logistik verbraucht wird. SAP stellt dafür eine Reihe von Bewegungsarten bereit, die jeweils für ein Kontierungsobjekt relevant sind:

- 201 und 202 für Kostenstellen,
- 221 und 222 für Projekte,
- 231 und 232 für Kundenaufträge,
- 261 und 262 für Aufträge,
- 281 und 282 für Netzpläne,
- 291 und 292 für alle Kontierungen.

Bewegungsartenpaare

Für jede Bewegungsart gibt es in der Regel eine entsprechende Storno-Bewegungsart, die dazu dient, eine Umkehrbuchung zur Ausgangsbewegungsart vorzunehmen. Solche Bewegungsartenpaare haben zumeist aufeinanderfolgende Nummern wie z. B. 201 (Verbrauch Kostenstelle) und 202 (Storno Verbrauch Kostenstelle).

3.1.2 Wareneingang von Fertigprodukten

Sobald die Fertigware vollkommen bearbeitet ist, geht es darum, diese an das Lager zu buchen. Die entsprechende Buchung sehen Sie in Abbildung 3.3. Die Kontenfindung für das Konto »Bestand Fertigprodukte« erfolgt wie beim Verbrauch von Rohstoffen über den Vorgang BSX.

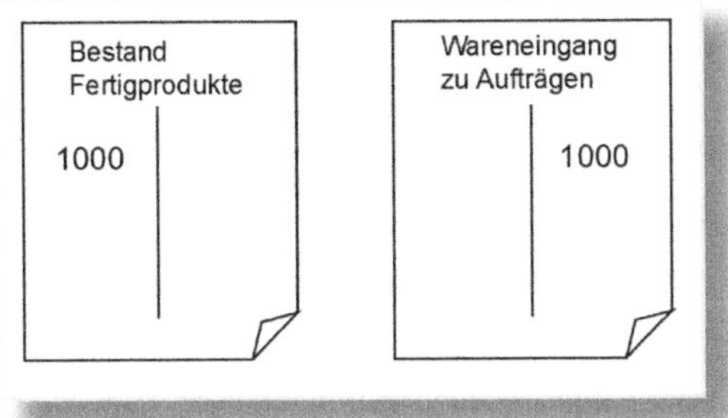

Abbildung 3.3: Wareneingang zum Auftrag

Wareneingänge zum Auftrag (GBB-AUF)

Die Kontenfindung für die Gegenbuchung wird über eine weitere Kontomodifikation des Vorgangs GBB ermittelt, in diesem Falle *GBB-AUF* (Wareneingänge zum Auftrag). Üblicherweise werden für den Wareneingang zum Fertigungsauftrag die Bewegungsarten 101 und 102 verwendet, zu Produktkostensammlern sind dies hingegen die Bewegungsarten 131 und 132.

Sonstige Wareneingänge in der Fertigung (GBB-ZOF)

Neben den genannten Wareneingängen zum Fertigungsauftrag gibt es in der Fertigung weitere Szenarien mit der Buchung von Wareneingängen:

1. **Wareneingang für Nebenprodukte**
   Bei einer Kuppelproduktion beispielsweise fallen im Produktionsprozess neben dem eigentlichen Hauptprodukt noch Nebenprodukte an; ein gängiges Beispiel hierfür sind Raffinerien, bei denen

in einem Produktionsprozess mehrere Fertigprodukte (Leichtöle, Schweröle, Teer) entstehen. Der Wareneingang für Nebenprodukte wird mit der Bewegungsart 531 erfasst.

2. **Wareneingang für WIP-Chargen**
   Verhältnismäßig selten genutzt ist die Funktionalität der *WIP-Chargen*. Dabei können Zwischenprodukte mit bestimmten Eigenschaften erfasst werden, um unfertige Produkte nicht nur rein wert-, sondern auch mengenmäßig auswerten zu können. WIP-Chargen werden mit den Bewegungsarten 521, 522, 541 und 542 gebucht.

Die Kontenfindung für Nebenprodukte wie auch für WIP-Chargen wird über den Vorgangsschlüssel *GBB-ZOF* hinterlegt.

3.1.3 Abrechnung

Für Fertigungsaufträge und Produktkostensammler führen Sie zum Periodenende einige Abschlusstätigkeiten durch, wie etwa die Ermittlung von *Ware in Arbeit* und die *Abweichungsermittlung*. In der Regel weist der Auftrag nun einen Saldo auf (siehe Abbildung 3.4), der durch Produktionsabweichungen entstanden ist, beispielsweise durch einen Mehr- oder Minderverbrauch an Rohstoffen bzw. Leistungen oder durch Preisänderungen bei Rohstoffen. Dieser Saldo wird mit der Abrechnung als Preisdifferenz an das produzierte Material verrechnet.

Fertigungsauftrag	
Verbrauch Rohstoffe 500 Leistungen 400	1000 Wareneingang zu Aufträgen
Saldo 100	

Abbildung 3.4: Saldo des Fertigungsauftrags zum Periodenende

Wie die Verrechnung an das Material erfolgt, hängt davon ab, ob das Fertigprodukt zum *Standardpreis* oder zum *gleitenden Durchschnittspreis* bewertet ist. Die allgemeine und dringende Empfehlung von SAP lautet, Fertigprodukte grundsätzlich zum Standardpreis zu bewerten, deshalb werde ich an dieser Stelle auch nur auf diesen Fall eingehen.

Die Abrechnung erzeugt eine Buchung, wie sie schematisch in Abbildung 3.5 dargestellt ist: Der Auftrag wird mit demselben Konto entlastet (bzw. belastet im Falle eines Habensaldos), mit dem bereits der Wareneingang gebucht wurde, und zwar über den Vorgangsschlüssel *GBB-AUF*. Auf dem Sachkonto, das hierzu hinterlegt wurde, können Sie somit zum Perioden- oder Jahresende Ihre kumulierten Bestandsveränderungen ablesen, die Sie für Ihre Berichterstattung nach dem Gesamtkostenverfahren benötigen. Die Bestandsveränderungen sind bereits um die aufgelaufenen Preisdifferenzen bereinigt, da diese ja mit der Auftragsabrechnung auf dasselbe Konto gebucht werden.

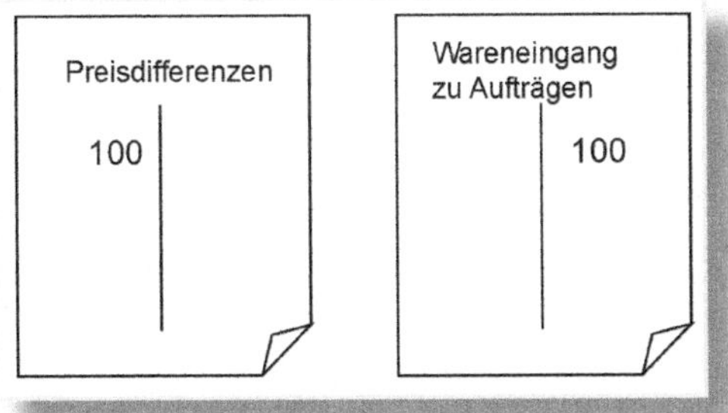

Abbildung 3.5: Auftragsabrechnung über Vorgangstyp GBB-AUF

Auftragsabrechnung (GBB-AUA)

Wünschen Sie hingegen, dass die mit der Abrechnung durchgeführten Korrekturbuchungen durch die Preisdifferenzen nicht gegen das Bestandsveränderungskonto gebucht werden, so können Sie den Vorgang *GBB-AUA* verwenden. Wenn Sie für diesen Vorgang eine Kontenfindung hinterlegt haben, so wird das somit hinterlegte Konto bei der Auftragsabrechnung bebucht (siehe Abbildung 3.6); lassen Sie den Vorgang leer, so wird für diesen Fall, wie zuvor erläutert, die dem Vorgang GBB-AUF zugeordnete Kontenfindung wirksam.

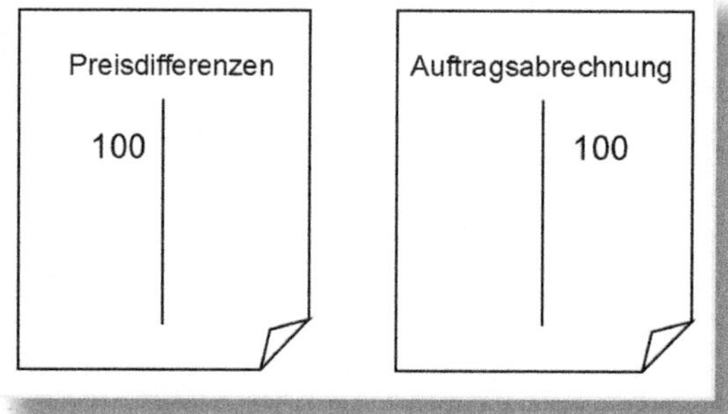

Abbildung 3.6: Auftragsabrechnung über Vorgangstyp GBB-AUA

Preisdifferenzen (PRD)

Bei der Auftragsabrechnung wird die Gegenbuchung über den Vorgangsschlüssel *PRD* ermittelt. Preisdifferenzen werden nicht nur bei der Auftragsabrechnung gebucht, sondern auch in den folgenden Situationen:

- Warenbewegungen für Materialien, die zum Standardpreis geführt sind, so z. B.
  - Wareneingang zur Bestellung, wenn der Bestellwert vom Standardpreis abweicht, oder
  - Rechnungseingang zur Bestellung, wenn der Rechnungswert vom Standardpreis und vom Bestellwert abweicht.
- Rechnungseingang für Materialien, die zum gleitenden Durchschnittspreis bewertet sind, wenn zum Zeitpunkt des Rechnungseingangs das eingekaufte Material bereits verbraucht ist. In diesem Fall kann das System keinen Bestand aktualisieren, sodass die Differenz zwischen gleitendendem Durchschnittspreis und Rechnungswert in die Preisdifferenzen gebucht wird.

Für den Vorgang PRD können Sie bei Bedarf die folgenden Kontomodifikationen verwenden:

- PRF für die Auftragsabrechnung (wie in diesem Fall) und für Wareneingänge zu Fertigungsaufträgen,
- PRA für Warenausgänge,
- PRU für Umbuchungen.

Im obigen Beispiel bin ich von einer auftragsbezogenen Fertigung ausgegangen. Der Vorgang PRD wird aber auch für den Fall verwendet, dass Sie mit Produktkostensammlern oder Prozessaufträgen arbeiten. In diesem Zusammenhang gibt es noch drei weitere, selten genutzte Vorgänge, die ich der Vollständigkeit halber an dieser Stelle erwähnen möchte.

Preisdifferenzen in Kostenträgerhierarchien (PRK)

Kostenträgerhierarchien können Sie in der Serienfertigung einsetzen, um Gemeinkosten aus dem Produktionsprozess über mehrere Fertigungsprozesse aufzuteilen. Wenn Sie dieses Konzept verwenden, wird die Kontenfindung für die Preisdifferenzen über den Vorgang *PRK* ermittelt.

Gegenbuchung zu Preisdifferenzen in Kostenträgerhierarchien (KTR)

Wenn Sie Preisdifferenzen zu Kostenträgerhierarchien einsetzen und folglich den Vorgang PRK verwenden, so müssen Sie mithilfe des Vorgangs *KTR* ein entsprechendes Gegenkonto hinterlegen.

Preisdifferenzen Produktkostensammler (PRP) und Gegenbuchung Preisdifferenzen Produktkostensammler (PRQ)

Diese Vorgänge bei der Abrechnung von Produktkostensammlern im Zusammenhang mit bewertetem Kundeneinzelbestand sind veraltet. Sie gelten nur bis zum Release 4.0 für SAP ERP und Release 2.0 der Branchenlösung IS-Automotive.

3.2 Der Einkaufsprozess

Der Einkaufsprozess bietet mehr Variationsmöglichkeiten als der Produktionsprozess; so können Sie optional Frachten, Zölle oder Bezugsnebenkosten mitbuchen. Ich zeige Ihnen zunächst den einfachsten Fall für eine Bestellung und komme anschließend auf die Sonderfälle zu sprechen.

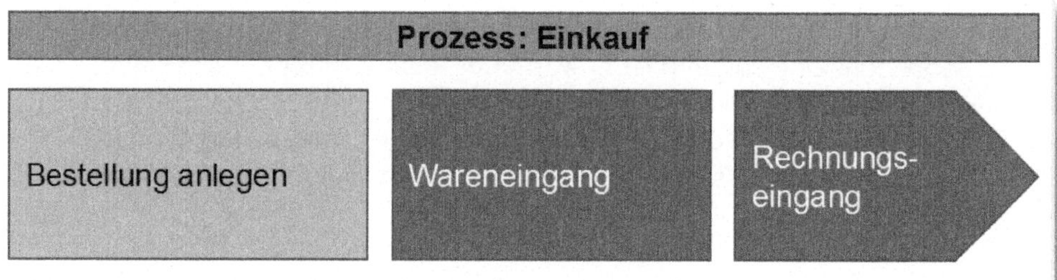

Abbildung 3.7: Einfaches Beispiel für einen Einkaufsprozess

3.2.1 Wareneingang in den Bestand

Nehmen wir also an, Ihr Einkauf hat eine Bestellung über zehn Stück eines Rohstoffes für Ihr Rohstofflager aufgegeben, und der Lieferant hat diese soeben geliefert. Wenn Sie den Wareneingang für diese Bestellung erfassen, so entspricht Ihre Buchung der Darstellung in Abbildung 3.8.

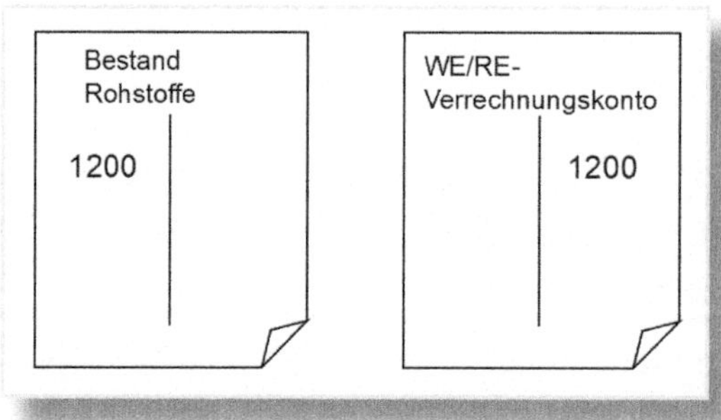

Abbildung 3.8: Wareneingang zur Bestellung

Die Bestandsbuchung wird über den Vorgang *BSX* ermittelt, den ich bereits in Abschnitt 3.1.1 dargestellt habe. Für den Fall, dass Sie ein zum Standardpreis geführtes Material bestellt haben und der Bestellpreis vom Standardpreis abweicht, werden zu diesem Zeitpunkt zusätzlich Preisdifferenzen gebucht, deren Kontenfindung zum Vorgang PRD hinterlegt wird (siehe Abschnitt 3.1.3).

WE/RE-Verrechnungskonto (WRX)

Beim Wareneingang zu einer Bestellung erfolgt die Gegenbuchung auf das *Wareneingangs-/Rechnungseingangs-Verrechnungskonto* (kurz: WE/RE), mit dessen Hilfe die Buchhaltung offene Rechnungen und Wareneingänge einander gegenüberstellen kann. Die Kontenfindung für das WE/RE-Verrechnungskonto pflegen Sie über den Vorgang *WRX*.

3.2.2 Wareneingang in den Verbrauch

Der Einkauf bestellt Material nicht immer auf Lager. Häufig kommt es vor, dass Material direkt für den Verbrauch (z. B. seitens einer Kostenstelle) bestimmt ist. Dabei ist es auch möglich, Textpositionen zu bestellen, indem der Einkauf keine Materialnummer, sondern nur eine Bezeichnung angibt. Textpositionen werden typischerweise verwendet, wenn Sie etwas bestellen, das nicht wesentlich für Ihr Kerngeschäft ist und/oder nicht im Bestand geführt wird, wie z. B. Büromaterial oder Dienstleistungen. In diesem Fall muss beim Anlegen der Bestellung eine Kontonummer für den Verbrauch mitgenannt werden, da die Kontenfindung andernfalls (ohne ein Material) keine Kontierung ermitteln könnte.

Kontierte Bestellung (KBS)

Wenn Sie eine kontierte Bestellung mit Materialnummer erfassen und für diese den Wareneingang buchen, so sieht die dazugehörige FI-Buchung aus wie in Abbildung 3.9. Das WE/RE-Konto wird genauso ermittelt wie bei der Bestellung in den Bestand. Die Gegenbuchung erfolgt hingegen auf einem Verbrauchskonto statt auf einem Bestandskonto; die Kontenfindung dazu wird über den Vorgang GBB-VBR ermittelt, wie bereits in Abschnitt 3.1.1 beschrieben.

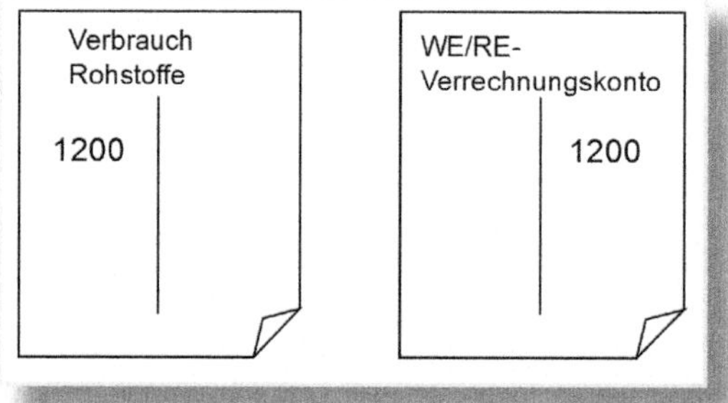

Abbildung 3.9: Wareneingang zur Bestellung in den Verbrauch

Zusätzlich ist an dieser Stelle jedoch der Vorgang *KBS* (Kontierte Bestellung) relevant. Dieser Vorgang nimmt eine Sonderstellung ein, weil Sie für ihn keine Sachkonten, sondern nur Buchungsschlüssel hinterlegen können (siehe Abbildung 3.10). Während also beim Wareneingang zur kontierten Bestellung das Sachkonto aus dem Vorgang GBB-VBR ermittelt wird, wird der Buchungsschlüssel für die Buchung aus dem Vorgang KBS gezogen.

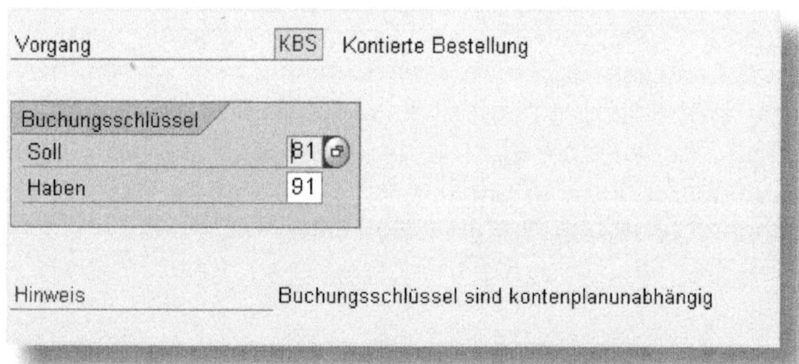

Abbildung 3.10: Einstellungen zum Vorgang KBS

3.2.3 Rechnungseingang

Sobald Sie die Kreditorenrechnung zu Ihrer Bestellung empfangen haben und buchen wollen, wird wieder das WE/RE-Verrechnungskonto herangezogen und gegen den Kreditor gebucht (siehe Abbildung 3.11). Das WE/RE-Konto ist damit ausgeglichen und weist Ihnen aus, dass keine offenen Vorgänge zu dieser Bestellung mehr vorliegen.

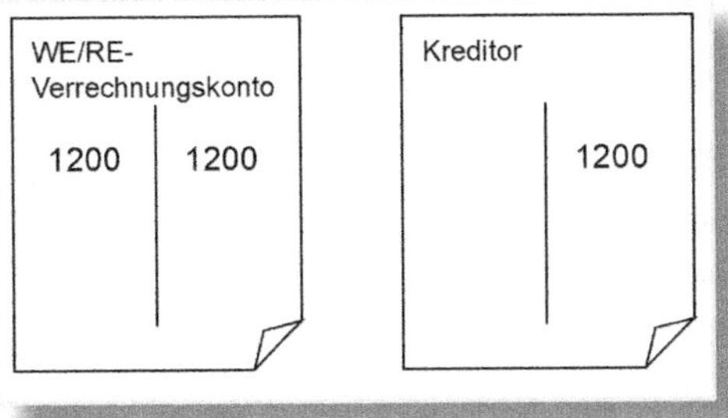

Abbildung 3.11: Rechnungseingang zur Bestellung

Die Ermittlung des WE/RE-Verrechnungskontos erfolgt wiederum über den Vorgang *WRX*, wie weiter oben in diesem Abschnitt erläutert. Das Kreditorenkonto wird bei der Erfassung der Kreditorenrechnung (Transaktion *MIRO*) vom Anwender direkt angegeben, weshalb hierfür keine Kontenfindung notwendig ist.

Rechnungskürzung (RKA)

Weicht die Eingangsrechnung vom erwarteten Wert ab, so kann die Rechnungsprüfung die Rechnung um den Wert der Abweichung kürzen. In Abbildung 3.12 ist beispielsweise eine Wareneingangsbuchung zum Wert 100 dargestellt.

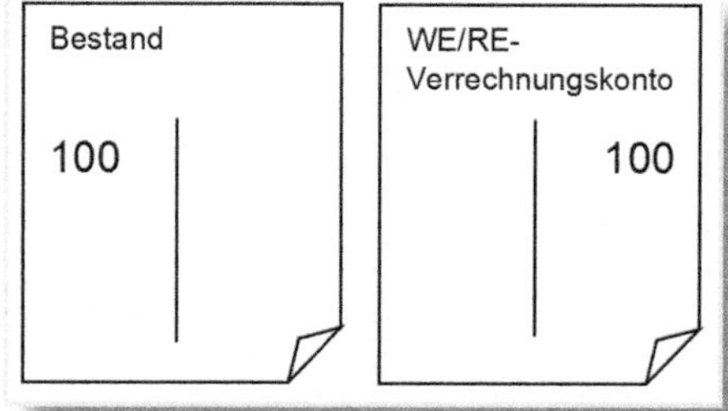

Abbildung 3.12: Rechnungskürzung (1) – Wareneingangsbuchung

In der Rechnung hat der Lieferant jedoch 150 EUR berechnet, also 50 EUR mehr als vereinbart. Das System nimmt die Rechnungskürzung automatisch vor, wenn die Toleranzgrenze für Abweichungen zwischen Bestellwert und Rechnungswert überschritten ist. Wie Sie in Abbildung 3.13 sehen, wird der Kürzungsbetrag auf ein speziell dafür vorgesehenes Rechnungskürzungskonto gebucht.

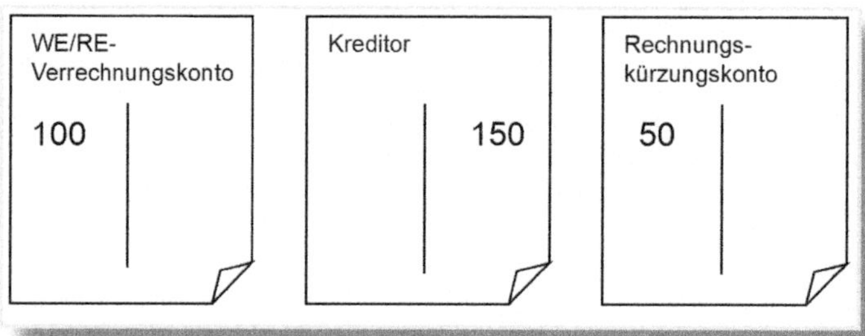

Abbildung 3.13: Rechnungskürzung (2) – Rechnungseingangsbuchung mit Kürzung

Zusätzlich bucht das System automatisch eine Gutschrift, anhand derer die Differenz gegen den Kreditor gebucht wird (siehe Abbildung 3.14). Die Rechnung und die Gutschrift werden anschließend beim Zahllauf automatisch gegeneinander ausgeglichen, und der Lieferant erhält nur den gekürzten Betrag. Das Rechnungskürzungskonto hinterlegen Sie mithilfe des Vorgangsschlüssels *RKA*.

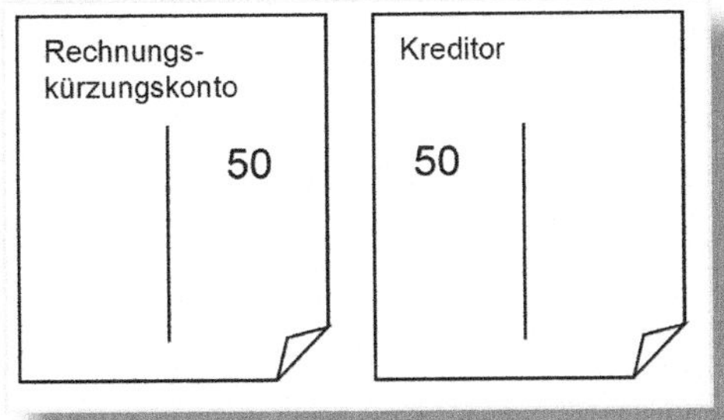

Abbildung 3.14: Rechnungskürzung (3) – Gutschrift

Vorabzahlung (PPX)

Sofern Sie mit einem Lieferanten eine dauerhaft gute Geschäftsbeziehung pflegen, können Sie erwägen, Vorabzahlungen zu leisten, um beispielsweise Zahlungsziele einhalten und Skonto ziehen zu können. Sie ermöglichen somit Zahlungen, bevor die Prüfung des Waren- und des Rechnungseingangs erfolgt ist. Die logistische Rechnungsprüfung bleibt davon unberührt, etwaige Abweichungen können Sie noch nachträglich buchen. Wenn Sie Vorabzahlungen einsetzen, so hinterlegen Sie hierfür ein entsprechendes Konto unter dem Vorgangsschlüssel *PPX*.

Ungeplante Bezugsnebenkosten (UPF)

Angenommen, ein Lieferant veranschlagt in seiner Rechnung Bezugsnebenkosten, die Sie nicht mithilfe der Basis von Konditionen eingeplant hatten, und Sie wollen diese Kosten nicht in den Bestandswert des Materials mit einrechnen, dann können Sie beim Erfassen der Lieferantenrechnung sogenannte *ungeplante Bezugsnebenkosten* auf ein separates Konto buchen. Dieses Konto hinterlegen Sie zum Vorgangsschlüssel *UPF*.

Aufwand und Ertrag aus Neubewertung (RAP)

SAP bietet Ihnen mit der Funktion »Neubewertung mit Logistik-Rechnungsprüfung« die Möglichkeit, die Preise Ihrer Lieferanten nachträglich zu ändern. Handeln Sie also z. B. aus, dass Ihr Lieferant Ihnen für das laufende Jahr auf alle bereits getätigten und fakturierten Lieferungen einen Rabatt von zwei Prozent gewährt, so können Sie mit dieser Funktion die bereits gebuchten Belege nachträglich umbewerten. Wie in Abbildung 3.15 dargestellt, erfolgt diese Verrechnung zwischen dem Kreditorenkonto sowie einem eigens für diesen Zweck zu hinterlegenden Konto. Der Vorgangsschlüssel für den Aufwand/Ertrag aus der Neubewertung lautet *RAP*.

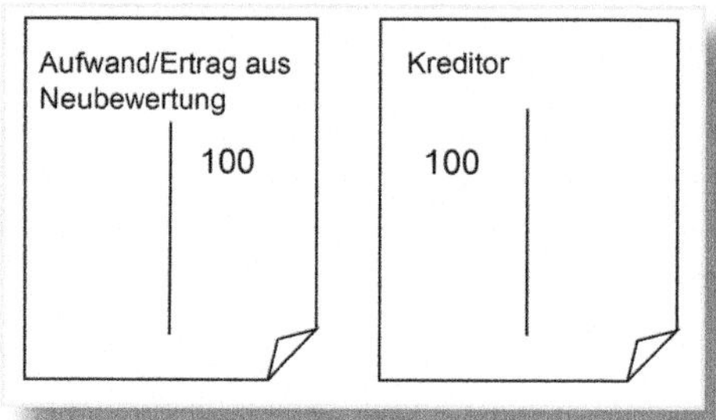

Abbildung 3.15: Aufwand/Ertrag aus Neubewertung

3.2.4 Bestellabwicklung mit Fracht- oder Zollverrechnung

Für den Fall, dass der Lieferant Ihnen für die Lieferung der Ware Frachten und/oder Zölle berechnet, sollen diese sogenannten *Bezugsnebenkosten* in der Regel mit in den Bestandswert der Ware eingehen (sofern diese zum gleitenden Durchschnittspreis bewertet ist). Andernfalls gehen die Bezugsnebenkosten in die Preisdifferenzen ein. Erwartete Bezugsnebenkosten kann der Einkauf als Konditionen in einer Bestellung hinterlegen.

Fracht- und Zollzuschläge (FR1, FR2, FR3, FR4)

Um den Frachtzuschlag sowohl beim Wareneingang als auch beim Rechnungseingang zu buchen, verknüpfen Sie die Frachtzuschläge mit einem der für diesen Zweck vorgesehenen *Vorgänge FR1 bis FR4*. In Abbildung 3.11 sehen Sie ein Beispiel für ein MM-Kalkulationsschema, in das ein zehnprozentiger Frachtzuschlag eingetragen wurde. Die Spalte Rückst weist den Vorgangsschlüssel *FR1* aus.

Schema ZMIDES Einkauf Beleg IDESVERSION

Steuerung

Übersicht Bezugsstufen

Stufe	Zähl	KArt	Bezeichnung	Von	Bis	Man	Ob	Stat	D	ZwiSu	Bedg	RchFrm	BasFrm	KtoSl	Rückst
21	1	NAVS	[illegible]cht abz. Vorsteuer			☐	☐	☑							
21	2	NAVM	Nicht abz. Vorsteuer			☐	☐	☑			29				
22	0		Nettowert incl Vst.			☐	☐	☐		3					
31	1	FRA1	Fracht %	20		☑	☐	☑						FRE	FR1
31	2	FRB1	Fracht absolut			☑	☐	☑						FRE	FR1
31	3	FRC1	Fracht/Menge			☑	☐	☑						FRE	FR1
31	4	RUE1	Neutrale % Rückstel.	20		☑	☐	☑						FRE	RUE

Abbildung 3.16: MM-Kalkulationsschema

Die im Kalkulationsschema verwendeten Vorgänge müssen Sie in der MM-Kontenfindung mit Sachkonten hinterlegen, um die Fracht- und Zollzuschläge zu verbuchen. Dadurch wird beim Wareneingang der Warenwert um den Frachtzuschlag erhöht (siehe Abbildung 3.17).

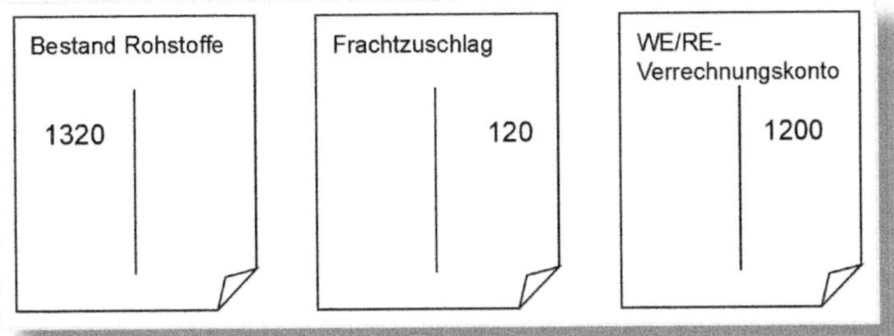

Abbildung 3.17: Wareneingang mit Frachtverrechnung

Das Schema der dazugehörigen Kreditorenrechnung zeigt Abbildung 3.18.

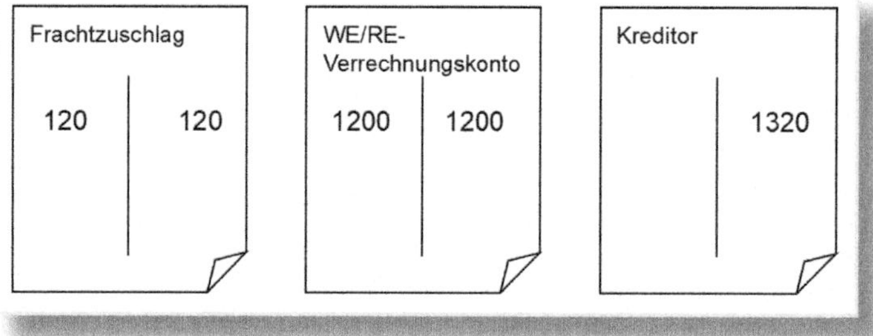

Abbildung 3.18: Rechnungseingang mit Frachtverrechnung

Bezugsnebenkosten-Rückstellung (RUE)

Zusätzlich zu den bereits erwähnten Konditionen für Fracht- oder Zollverrechnung können Sie in MM auch Konditionen festlegen, auf deren Basis Rückstellungen für geplante Bezugsnebenkosten gebildet und in der Bilanz ausgewiesen werden. In diesem Fall hinterlegen Sie das Rückstellungskonto zum Vorgang **RUE**. Gebildete Rückstellungen müssen beim Rechnungseingang manuell ausgeglichen werden.

3.2.5 Bonusabwicklung

Bei einer Bonusabwicklung im Sinne des Einkaufs treffen Sie mit Ihrem Lieferanten eine Absprache, beispielsweise, dass Sie bei Abnahme einer bestimmten Mindestmenge oder bei Erreichen eines Mindestumsatzes eine Bonuszahlung erhalten. Sie können die Funktion der *nachträglichen Abrechnung* nutzen, um Bonusabsprachen abzubilden. Ähnlich wie bei Frachtrückstellungen können Sie im MM-Konditionsschema festlegen, dass für Bonusabsprachen Rückstellungen gebildet werden (siehe Abbildung 3.19).

Schema EBP000 Einkaufsbeleg (groß) EBP

Steuerung

Übersicht Bezugsstufen

Stufe	Zähl	KArt	Bezeichnung	Von	Bis	Man...	O...	Sta...	D	ZwiSu	Bedg	RchFrm	BasFrm	KtoSl	Rückst
31	11	FRB2	Fracht absolut	20		[x]	[ ]	[x]						FRE	FR2
31	12	FRC2	Fracht/Menge	20		[x]	[ ]	[x]						FRE	FR2
32	1	MAR1	Neutrale % Rückstel.	20		[ ]	[ ]	[x]			12			FRE	RUE
35	1	SKTO	Skonto	20		[ ]	[ ]	[x]			17				
37	0	A001	Bonus	20			[ ]	[x]			26			EIN	BO1
38	0	A002	Materialbonus	20			[ ]	[x]			26			EIN	BO1

Abbildung 3.19: Konditionsschema in MM mit Bonusabwicklung

Rückstellungen nachträgliche Abrechnung (BO1)

Beim Buchen des Wareneingangs zu einer Bestellung, die der Bonusabwicklung unterliegt, wird automatisch eine Rückstellung für den Bonus gebildet (siehe Abbildung 3.20). Das Konto für die Bonusrückstellung hinterlegen Sie zum Vorgangsschlüssel *BO1*.

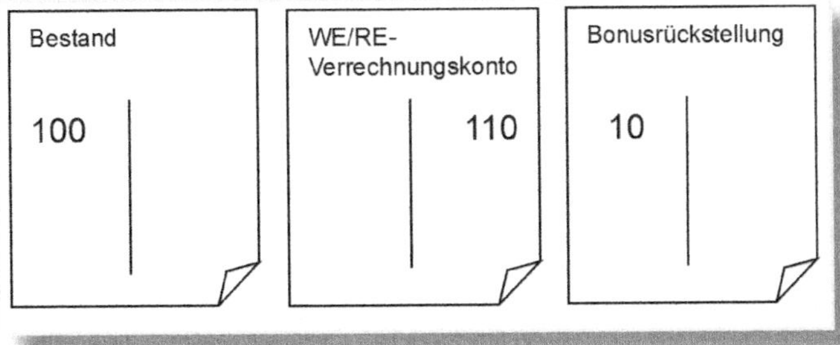

Abbildung 3.20: Bonusrückstellung

Erträge nachträgliche Abrechnung (BO2)

Erhalten Sie im Anschluss an den Wareneingang die Rechnung des Kreditors, so wird der rückgestellte Bonus verrechnet (siehe Abbildung 3.21). Für den Ertrag der nachträglichen Abrechnung hinterlegen Sie ein Sachkonto mithilfe des Vorgangsschlüssels *BO2*.

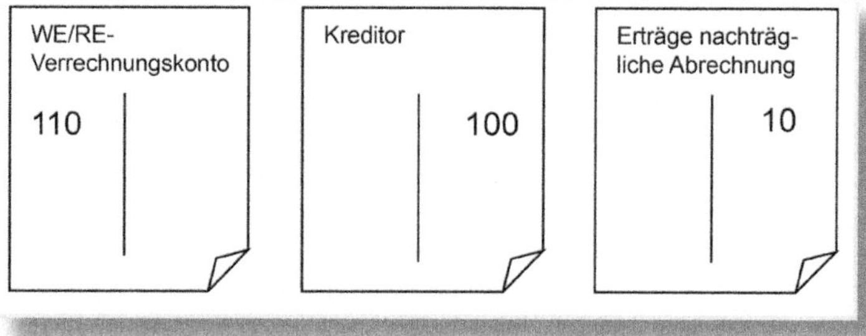

Abbildung 3.21: Nachträgliche Abrechnung des Bonus

Erträge nachträgliche Abrechnung nach Abrechnung (BO3)

Den Vorgangsschlüssel *BO3* können Sie für den Fall verwenden, dass Sie einen Wareneingang erst buchen, nachdem die zugrunde liegende Absprache bereits abgerechnet wurde. In diesem Fall wollen Sie möglicherweise keine Rückstellung über BO1 bilden, da diese nicht mehr durch eine darauffolgende Rechnung aufgelöst würde.

3.2.6 Lieferantenkonsignation

Von einer *Lieferantenkonsignation* spricht man, wenn ein Lieferant ein Warenlager unterhält, das sich physisch auf dem Werksgelände des Kunden befindet. Dies ist z. B. dann sinnvoll, wenn es sich um niedrigpreisiges Verbrauchsmaterial handelt, das ein Unternehmen regelmäßig in größeren Mengen benötigt, wie etwa Schrauben, Schläuche oder Rohre. In Abbildung 3.22 ist der folgende Prozess dargestellt:

Sie können das Konsignationslager Ihres Lieferanten durch Bestellungen auffüllen; die Ware wird dann in den Konsignationsbestand Lieferant (Sonderbestand K) gebucht. Um die Ware zu verbrauchen, buchen Sie sie zunächst vom Konsignationslager in Ihren eigenen Bestand um. Dabei bucht das System automatisch eine Konsignationsverbindlichkeit. Da diese einen eigenen Vorgangsschlüssel besitzt, gehe ich nachfolgend in einem gesonderten Abschnitt auf sie ein.

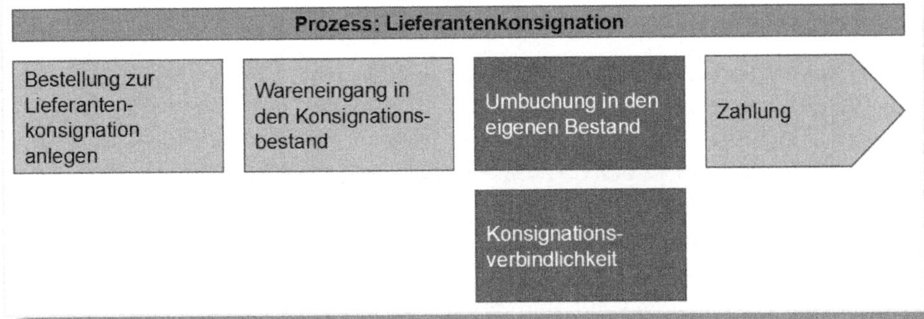

Abbildung 3.22: Ablauf der Lieferantenkonsignation

Konsignationsverbindlichkeit (KON)

Da der Lieferant nicht überprüfen kann, wie viel Material Sie verbraucht haben, kann er Ihnen keine Rechnung stellen. Vielmehr gleichen Sie die Konsignationsverbindlichkeit (siehe Abbildung 3.23) selbst über den Zahllauf aus.

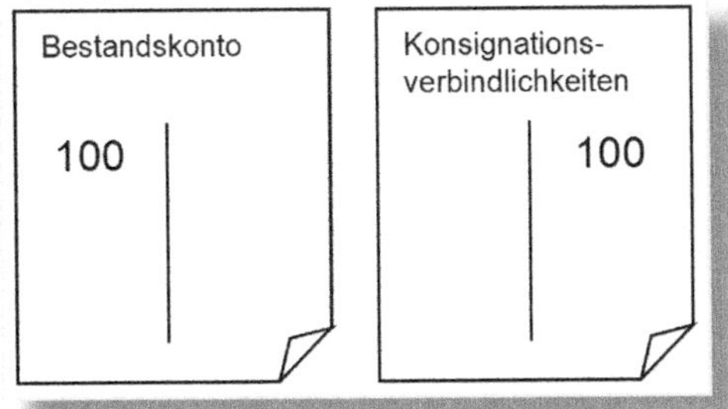

Abbildung 3.23: Buchung einer Konsignationsverbindlichkeit

Die Kontenfindung für die Lieferantenkonsignation hinterlegen Sie mithilfe des Vorgangsschlüssels *KON*.

Pipelineverbindlichkeiten (KON-PIP)

Eine *Pipeline* stellt eine Variante zur Lieferantenkonsignation dar – anstatt das Konsignationslager immer wieder auffüllen zu müssen, stehen Ihnen mittels Pipeline Güter wie Strom, Wasser oder Gas unbegrenzt zur Verfügung. Sie buchen diese nicht erst in Ihren eigenen Bestand um, sondern entnehmen sie direkt aus dem Sonderbestand P. Bei der Entnahme entsteht eine Pipelineverbindlichkeit, die analog zur Konsignationsverbindlichkeit gebucht wird. Sie können für Pipelineverbindlichkeiten entweder dasselbe Konto verwenden wie für Lieferantenkonsignationen oder beide Sachverhalte noch einmal separieren. Benutzen Sie den Buchungsschlüssel KON ohne weitere Modifikation, so wird dieser für Konsignationsverbindlichkeiten eingesetzt. Die Modifikation *KON-PIP* ist für den Spezialfall der Pipelineverbindlichkeit einzusetzen.

Aufwand/Ertrag aus Konsignationsmaterial-Verbrauch (AKO)

Material, das Sie im Lieferantenkonsignationsbestand führen, wird anhand des gültigen *Einkaufsinfosatzes* bewertet, also der Preisvereinbarung, die Sie mit dem Lieferanten getroffen haben. Wenn Sie das Material in Ihrem Werk zum Standardpreis bewertet haben und dieser vom Einkaufsinfosatz abweicht, kann es bei der Entnahme zu einer Preisdifferenz kommen. Im Beispiel in Abbildung 3.24 beträgt der Preis für ein Material laut Einkaufsinfosatz 80 EUR, der Standardpreis für das Material ist jedoch auf 100 EUR eingestellt. Wenn Sie dieses Material aus dem Lieferantenkonsignationslager entfernen und in Ihren eigenen Bestand übernehmen, wird die Differenz zwischen Bestandswert und Konsignationsverbindlichkeit auf das Konto für den Aufwand bzw. Ertrag aus dem Konsignationsverbrauch gebucht. Der Vorgangsschlüssel für diesen Vorgang lautet *AKO*.

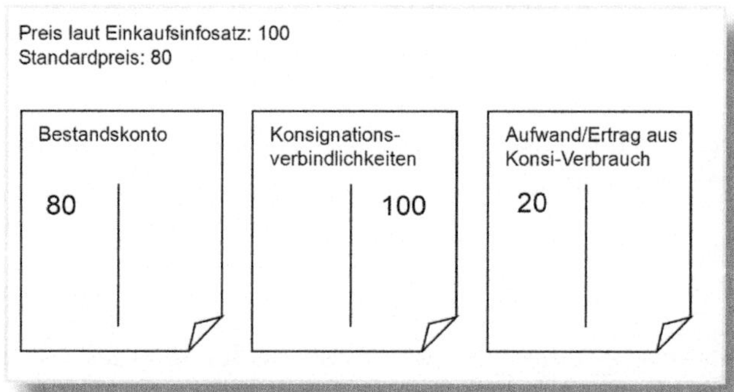

Abbildung 3.24: Aufwand/Ertrag aus Konsignationsverbrauch

3.2.7 Lohnbearbeitungsbestellung

Bei einer *Lohnbearbeitungsbestellung* senden Sie einem Lieferanten Ware (auch »Beistellen von Ware« genannt) und beauftragen ihn, diese weiterzuverarbeiten (zu »veredeln«). Einen Überblick über diesen Prozess sehen Sie in Abbildung 3.25. Beim Anlegen der Bestellung buchen Sie die beigestellte Ware in den Lieferantenbeistellbestand. Sobald Sie den Wareneingang der veredelten Ware erfassen, bucht das System automatisch auch den Verbrauch der beigestellten Ware. Der Lieferant stellt Ihnen zum Abschluss die erbrachte Dienstleistung sowie etwaige Bezugsnebenkosten wie Fracht oder Zoll in Rechnung.

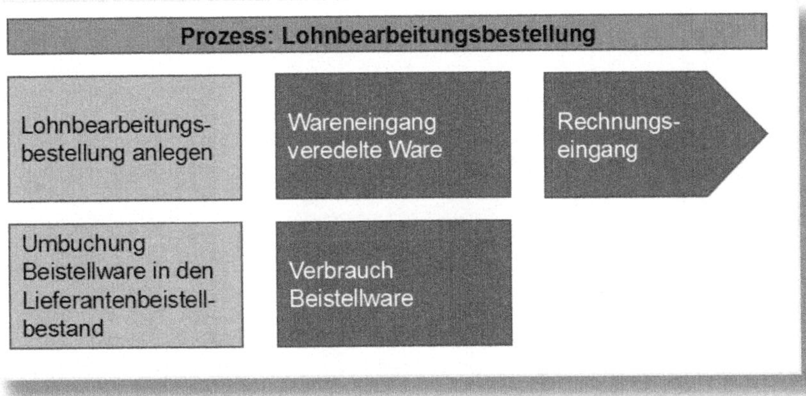

Abbildung 3.25: Ablauf einer Lohnbearbeitungsbestellung

Die beigestellte Ware bleibt bis zum Erhalt der veredelten Ware Ihr Eigentum. Um dies zu kennzeichnen und nachvollziehbar zu machen, bucht das System die Beistellware in den *Sonderbestand L (Lieferantenbeistellbestand)* um. Damit bleibt die Ware in der Bilanz ausgewiesen, ist aber für die Materialwirtschaft nicht verfügbar. Die Umbuchung von einem Bestandstyp in den anderen ist aus Sicht der Finanzbuchhaltung nicht relevant, da keine Änderung am Materialbestand erfolgt. Deshalb findet zu diesem Vorgang auch keine Buchung in FI/CO statt.

Wenn Sie die veredelte Ware vom Lieferanten zurückbekommen und den zugehörigen Wareneingang erfassen, bucht das System in einem einzigen Beleg den Zugang der veredelten Ware, den Verbrauch des beigestellten Materials, die erbrachte Leistung des Lieferanten sowie etwaige Nebenkosten (siehe Abbildung 3.26).

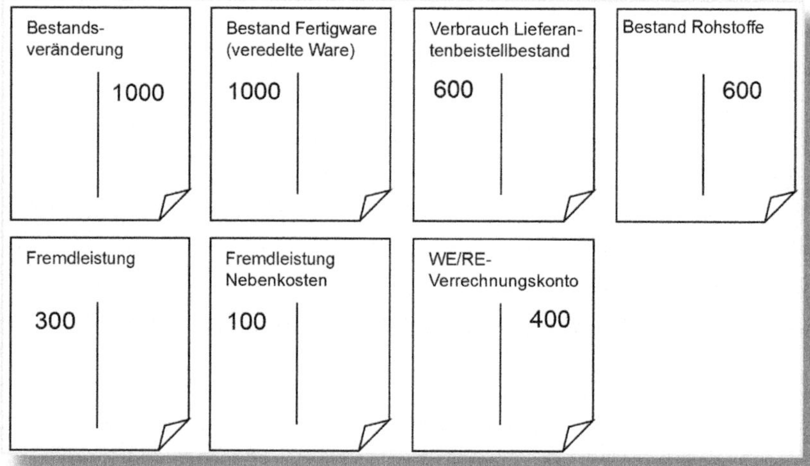

Abbildung 3.26: Wareneingang zur Lohnbearbeitungsbestellung

Wareneingang veredelte Ware (BSV)

Das Konto für den Zugang der veredelten Ware ermittelt das System über den Vorgang *BSV*.

Verbrauch Beistellware (GBB-VBO)

Das Sachkonto für den Verbrauch der Ware aus dem Lieferantenbeistellbestand hinterlegen Sie mithilfe des Vorgangs *GBB-VBO*.

Fremdleistung (FRL)

Um die Leistung des Lieferanten zur Veredelung der beigestellten Materialien zu buchen, zieht das System den Vorgang *FRL* heran. Da die Leistung dem entspricht, was der Lieferant in Rechnung stellt, wird gegen das WE/RE-Verrechnungskonto (WRX) gebucht.

Fremdleistung Nebenkosten (FRN)

Sofern beim Versand der veredelten Ware Nebenkosten wie Fracht oder Zoll anfallen, wird das Konto für diese Nebenkosten zum Vorgang *FRN* hinterlegt. Auch dieser Sachverhalt wird gegen das WE/RE-Verrechnungskonto (WRX) gebucht.

Der Rechnungseingang zur Lohnbearbeitungsbestellung erfolgt analog zum in Abschnitt 3.2.3 dargestellten Rechnungseingang.

3.2.8 Einkaufskontoabwicklung

In manchen Ländern besteht die gesetzliche Anforderung, den Wert von extern beschafften Materialien zu dokumentieren; innerhalb Europas betrifft dies zurzeit beispielsweise Belgien, Spanien, Portugal, Frankreich, Italien und Finnland.

SAP hat für diese Anforderung das sogenannte *Einkaufskonto* mitsamt *Einkaufsgegenkonto* und *Frachteinkaufskonto* eingeführt. Der Wert der bestellten Ware wird zusätzlich jeweils auf dem Einkaufskonto fortgeschrieben; die Gegenbuchung erfolgt auf dem Einkaufsgegenkonto. Um dieses Konzept verwenden zu können, müssen Sie es für den gewünschten Buchungskreis zunächst über den Customizing-Menüpfad Materialwirtschaft • Bewertung und Kontierung • Kontierung • Kontenfindung ohne Assistent • Einkaufskontoabwicklung • Einkaufskonto im Buchungskreis aktivieren einschalten. Darüber hinaus entscheiden Sie im Menüpunkt Wertbildung für Einkaufskonto, ob der Betrag des Bestandskontos oder des WE/RE-Kontos (also inklusive eventuell anfallender Frachten) auf dem Einkaufskonto fortgeschrieben wird. Schließlich können Sie über die Transaktion Getrennter Buchhaltungsbeleg für Einkaufskontobuchungen festlegen, ob die Einkaufskontoabwicklung in einem einzelnen FI-Beleg oder in zwei Belege aufgeteilt erfolgen soll. Sobald Sie den zusätzlichen Buchhaltungsbeleg aktivieren, wird im ersten Beleg das WE/RE-Konto gegen das Einkaufskonto inklusive eventueller Frachten gebucht und im zweiten das Bestandskonto gegen das Einkaufsgegenkonto.

Einkaufskonto (EIN)

In Abbildung 3.27 sehen Sie ein Beispiel für den Wareneingang mit Einkaufskontoabwicklung. In diesem Fall ist das System so eingestellt, dass das Einkaufskonto den Wert des Bestandskontos inklusive Frachten widerspiegelt. Das Einkaufskonto hinterlegen Sie in der MM-Kontenfindung zum Vorgangsschlüssel *EIN*. Im Beispiel wurde außerdem nur ein FI-Beleg gebucht. Falls Sie das System so einstellen, dass zwei Belege gebucht werden, würde der erste die vier oberen Positionen aus Abbildung 3.27 und der zweite Beleg die beiden unteren enthalten.

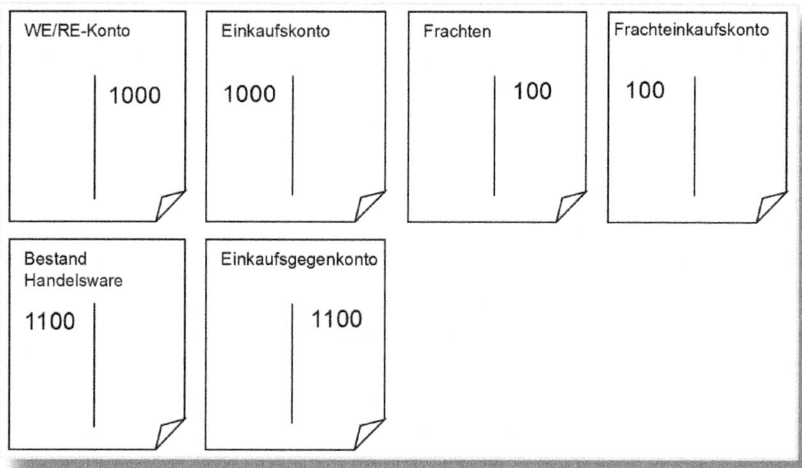

Abbildung 3.27: Einkaufskontoabwicklung

Frachteinkaufskonto (FRE)

Wie Sie außerdem in Abbildung 3.27 sehen können, korrespondiert das Frachteinkaufskonto mit dem Frachtwert, den Sie über den bereits erläuterten Vorgangsschlüssel FR1 abbilden. Das Frachteinkaufskonto wird über den Vorgangsschlüssel *FRE* ermittelt.

Einkaufsgegenkonto (EKG)

Das Einkaufsgegenkonto wird mit dem Gegenwert des Einkaufs- und Frachteinkaufskontos bebucht. Die Kontenfindung für das Einkaufsgegenkonto erfolgt über den Vorgang *EKG*.

3.2.9 Differenzen in der Materialwirtschaft

Neben den bereits genannten Standardvorgängen können in der Materialwirtschaft auch einige Abweichungen davon entstehen, die ich Ihnen in diesem Abschnitt vorstelle.

Kursdifferenzen (KDM)

Kursdifferenzen bilden sich, wenn eine Bestellung in Fremdwährung getätigt wurde und der zum Zeitpunkt des Wareneingangs im System hinterlegte Wechselkurs von dem auf der Rechnung oder Bestellung abweicht. Als Beispiel dient uns der in Abbildung 3.28 dargestellte Fall: Für die gezeigte Bestellung in US-Dollar wurde ein fixer Wechselkurs von 0,80 EUR/1 USD eingegeben. Zum Zeitpunkt des Wareneingangs beträgt der im System hinterlegte Wechselkurs jedoch 0,90 EUR/1 USD.

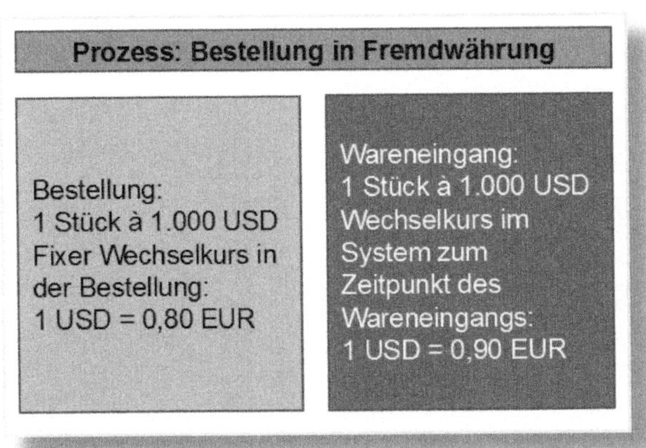

Abbildung 3.28: Bestellung in Fremdwährung

Wie die Kursdifferenzen gebucht werden, hängt davon ab, wie die bestellte Ware bewertet ist:

- Ist die Ware zum gleitenden Durchschnittspreis bewertet und zum Zeitpunkt des Rechnungseingangs noch im Bestand, so werden die Kursdifferenzen in den Bestand aktiviert und somit nicht gesondert ausgewiesen.
- Ist die Ware zum gleitenden Durchschnittspreis bewertet und beim Rechnungseingang nicht mehr im Bestand oder ist die Ware zum Standardpreis bewertet, so werden die Kursdifferenzen auf ein separates Konto gebucht, das Sie über den Vorgangsschlüssel *KDM* zuordnen.

In Abbildung 3.29 sehen Sie die zugehörigen Buchungen für den Fall, dass die Kursdifferenzen auf ein separates Konto gebucht werden: Beim Wareneingang werden das WE/RE-Konto und das Bestandskonto in Euro mit dem in der Bestellung fixierten Wechselkurs gebucht (also 800 EUR). Da aufgrund des aktuellen Wechselkurses jedoch eigentlich ein Betrag von 900 EUR gebucht werden müsste, weist das System die restlichen 100 EUR als Kursdifferenz aus. Die entsprechende Gegenbuchung erfolgt auf dem Preisdifferenzenkonto.

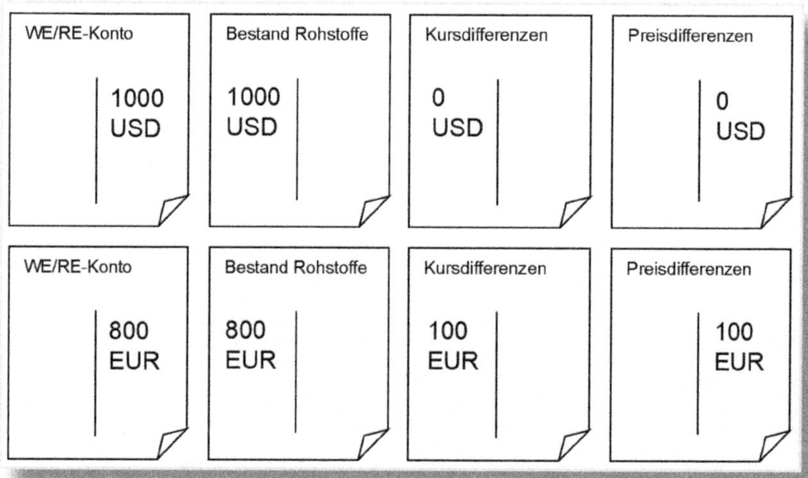

Abbildung 3.29: Kursdifferenzen

Kursrundungsdifferenzen (KDR)

Beim Buchen einer Eingangsrechnung in einer Fremdwährung kann es vorkommen, dass durch das Umrechnen in die Hauswährung ein Saldo entsteht, der Buchungsbetrag zum Kreditorenkonto also um z. B. einen Cent vom WE/RE-Konto abweicht. Für diese sogenannte *Kursrundungsdifferenz* können Sie mithilfe des Vorgangsschlüssels *KDR* ein eigenes Konto hinterlegen, um die Differenz darauf zu buchen.

Kleindifferenzen (DIF)

Sie können im Customizing der logistischen Rechnungsprüfung mithilfe der Transaktion *OMR6* diverse Toleranzgrenzen für die Rechnungserfassung festlegen. Eine davon ist die Grenze für Kleindifferenzen. In Abbildung 3.30 sehen Sie, wie beispielhaft ein Maximalwert von 2,50 EUR eingestellt wurde. Das bedeutet, dass das System Differenzen zwischen dem Bestellwert und der Eingangsrechnung bis zur eingestellten Toleranzgrenze akzeptiert und auf ein separates Konto verbucht.

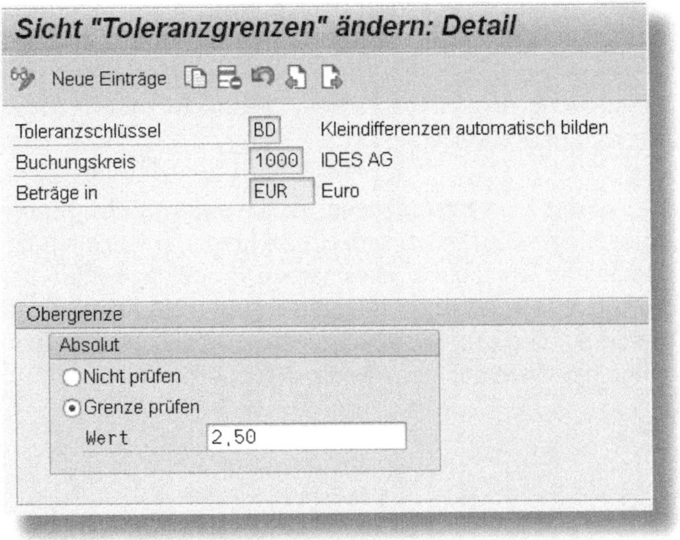

Abbildung 3.30: Differenzen einstellen

Im Buchungsbeispiel in Abbildung 3.31 habe ich dargestellt, wie Kleindifferenzen verbucht werden. Der dazugehörige Vorgangsschlüssel, um das Konto für Kleindifferenzen zu hinterlegen, lautet *DIF*.

Abbildung 3.31: Kleindifferenzen

3.3 Der Verkaufsprozess

Ein Verkaufsprozess besteht im Kern immer darin, dass Sie Waren an Ihren Kunden liefern und ihm anschließend eine Rechnung dafür stellen. Dabei sind jedoch verschiedene Szenarien möglich, die im SAP-System durch unterschiedliche Prozesse und eine entsprechend differenzierte Kontenfindung abgebildet werden. Diese Prozesse möchte ich Ihnen zunächst kurz vorstellen.

Der einfachste Typ des Verkaufsprozesses ist die *anonyme Lagerfertigung* (siehe Abbildung 3.32). Dabei sind Herstellung und Auslieferung der Ware voneinander entkoppelt. Gleichartige Produkte werden unabhängig von Kundenbestellungen hergestellt und auf Lager gelegt. Sobald ein Kunde eines dieser Produkte bestellt, wird ein Kundenauftrag angelegt und die Ware aus dem Bestand ausgeliefert.

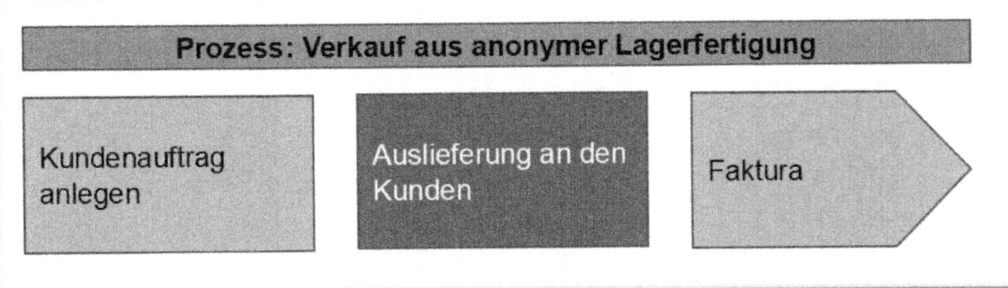

Abbildung 3.32: Anonyme Lagerfertigung

Bei der *Kundeneinzelfertigung* hingegen produzieren Sie nicht auf Lager, sondern beginnen erst mit der Fertigung, wenn ein Kunde ein Produkt bestellt. Dies kann unterschiedliche Gründe haben: Beispielsweise möchten Sie Ihre Lagerbestände verringern, Ihre Produkte sind schnell verderblich oder sie stellen eine hohe Kapitalbindung dar. In diesem Prozess löst das Anlegen eines Kundenauftrags einen Fertigungsauftrag aus (siehe Abbildung 3.33), der exakt die für diesen Kundenauftrag benötigte Menge produziert. Typisch für dieses Szenario ist die Verwendung eines *Kundeneinzelbestands*, das bedeutet, dass die fertige Ware vom Fertigungsauftrag direkt in den Bestand des dazugehörigen Kundenauftrags geliefert wird. Damit ist die Ware diesem Kundenauftrag eindeutig zugeordnet und kann nicht ohne Weiteres für andere Kundenaufträge verwendet werden. Die Lieferung an den Kunden erfolgt aus diesem Kundeneinzelbestand heraus.

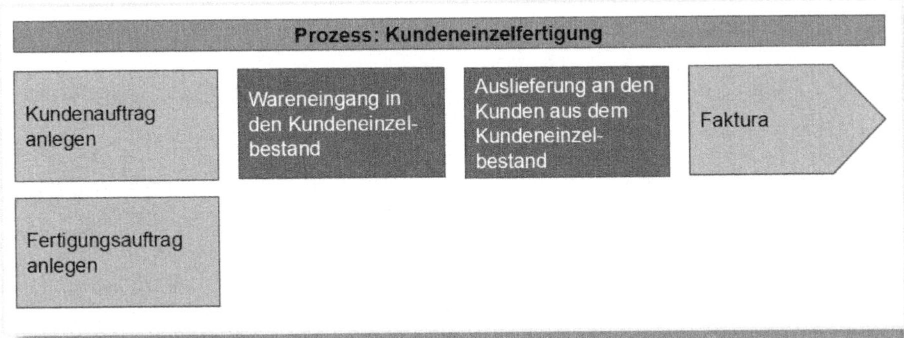

Abbildung 3.33: Kundeneinzelfertigung

Einen Spezialfall der Kundeneinzelfertigung stellt die *Variantenkonfiguration* dar. In diesem Szenario fertigen Sie keine immer gleichen Standardprodukte, sondern bieten dem Kunden verschiedene Optionen an, aus denen er sich sein Produkt zusammenstellen kann. Dabei arbeiten Sie aus Gründen der Materialbewertung immer mit Kundeneinzelbestand.

Bei der *Projektfertigung* handelt es sich um den komplexesten Fall der Verkaufsabwicklung (siehe Abbildung 3.34). Dieses Szenario wird typischerweise im Anlagenbau verwendet, wo die Projektlaufzeit von Monaten bis Jahren betragen kann und die benötigten Komponenten in großer Anzahl zu unterschiedlichen Zeitpunkten beschafft werden. Sämtliche Komponenten werden im *Projektbestand* gesammelt, einer weiteren Form des Sonderbestands. Aus diesem heraus liefern Sie das oder die fertigen Produkte an den Kunden, bevor Sie ihm eine Faktura erstellen.

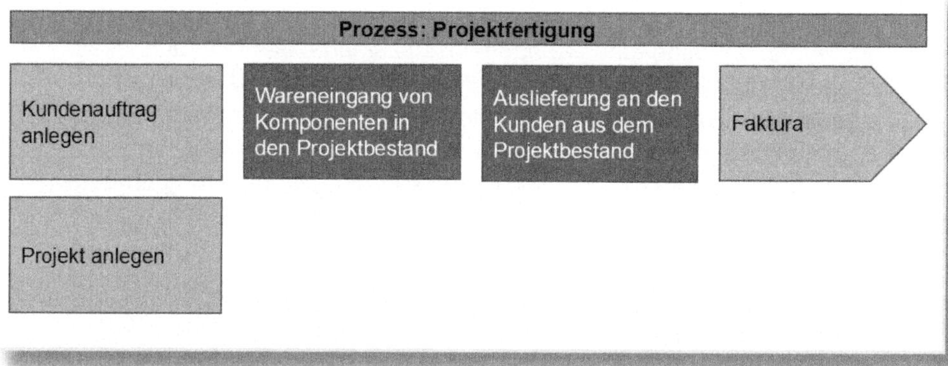

Abbildung 3.34: Projektfertigung

Die Szenarien im Verkaufsprozess unterscheiden sich somit vor allem aus Sicht der logistischen Abwicklung und in Bezug auf den etwaig verwendeten Sonderbestand (Kundeneinzel- oder Projektbestand). Darüber hinaus spielt für die MM-Kontenfindung aber auch die Frage nach dem Auftragscontrolling eine Rolle.

3.3.1 Exkurs Kundenauftragscontrolling

Die Berichtsanforderungen des Controllings an die Kundenaufträge variieren je nach Prozess; bei unterschiedlichen Prozessen verwenden Sie unterschiedliche Vorgangsschlüssel in der MM-Kontenfindung, um die Konten für die Buchung des Warenausgangs zu ermitteln. Ich erläutere deshalb kurz die verschiedenen Prozesse im Auftragscontrolling und beschreibe anschließend den Zusammenhang zwischen den Customizing-Einstellungen für das Kundenauftragscontrolling und der MM-Kontenfindung.

Bei der **anonymen Lagerfertigung** steht das Standardprodukt im Vordergrund. Typischerweise werden Sie hier nicht das Ergebnis eines jeden Kundenauftrags nachverfolgen wollen, sondern kumuliert betrachten, wie viel Umsatz Sie mit einem bestimmten Produkt erzielt haben und welche Kosten dabei für den Wareneinsatz angefallen sind. Diese Art der Auswertung nehmen Sie in der Ergebnis- und Marktsegmentrechnung (CO-PA) vor; sie benötigen somit kein gesondertes Auftragscontrolling. In diesem Fall sind die Kundenauftragspositionen einem *Ergebnisobjekt* im CO-PA zugeordnet.

Bei der **Kundeneinzelfertigung** hingegen, insbesondere bei der Variantenkonfiguration, kann es jedoch sein, dass Ihre Controllingabteilung jeden Kundenauftrag individuell analysieren möchte. Um die gebuchten Kosten und Erlöse je Kundenauftrag detailliert darzustellen, verwenden Sie sogenannte *kosten- und erlösführende Kundenauftragspositionen*. Dabei handelt es sich um Kontierungsobjekte, die sich aus Sicht des Controllings genauso verhalten wie z. B. Kostenstellen oder Innenaufträge – es ist möglich, Kosten und Erlöse darauf zu buchen und auszuwerten.

Bei der **Projektfertigung** findet das Controlling auf der Ebene des zugeordneten Projektes (Modul PS) statt, das wiederum aus einem oder mehreren Projektstrukturplan(PSP)-Elementen besteht. Wie bei der anonymen Lagerfertigung sind die Kundenauftragspositionen einem anderen Kontierungsobjekt, in diesem Fall einem PSP-Element, zugeordnet und nicht selbst kosten- und erlösführend.

Ob eine Kundenauftragsposition kosten- und erlösführend ist und ob Kundeneinzelbestand geführt wird, steuern Sie im Customizing über die *Bedarfsklasse*. Darüber hinaus müssen Sie festlegen, welche Bedarfsklasse für die jeweilige Kundenauftragsposition ermittelt werden soll. Dies geschieht über die *Bedarfsart*. Jeder Bedarfsart wird genau eine Bedarfsklasse zugeordnet. In Abbildung 3.35 sehen Sie, wie Sie im Reiter BESCHAFFUNG die in einer Kundenauftragsposition verwendete Bedarfsart erkennen können. Um schließlich festzulegen, wie einer Kundenauftragsposition eine Bedarfsart zugewiesen wird, nutzen Sie die dem Materialstamm zugeordnete *Strategiegruppe*.

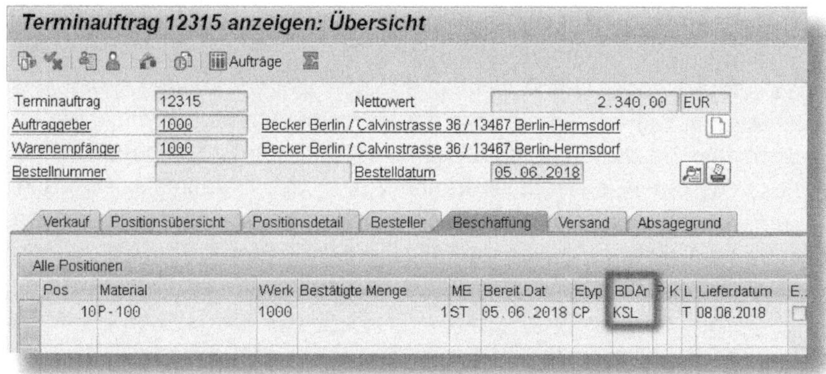

Abbildung 3.35: Zuordnung der Bedarfsart zur Kundenauftragsposition

In der Logistik spielt die Bedarfsart eine wichtige Rolle, da sie steuert, wie die Bedarfsermittlung erfolgt. Aus Sicht der Finanzbuchhaltung und des Controllings dient sie lediglich der Ableitung der Bedarfsklasse. Die Verknüpfung von Bedarfsart und -klasse erfolgt in der Customizing-Transaktion *OVZH* (siehe Abbildung 3.36).

Über den Customizing-Menüpfad CONTROLLING • PRODUKTKOSTEN-CONTROLLING • KOSTENTRÄGERRECHNUNG • KUNDENAUFTRAGS-CONTROLLING • STEUERUNG KUNDENAUFTRAGSFERTIGUNG/KUNDENAUFTRAGS-CONTROLLING • BEDARFSKLASSEN ÜBERPRÜFEN können Sie sich die Detaileinstellungen zur Bedarfsklasse anzeigen lassen (siehe Abbildung 3.37). Entscheidend sind hier die Parameter KONTIERUNGSTYP und BEWERTUNG.

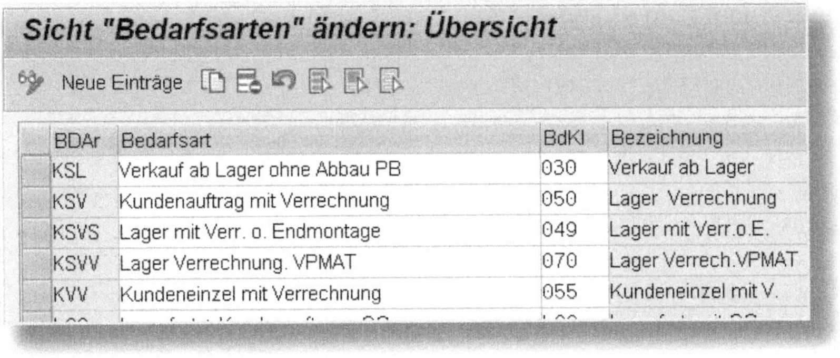

Sicht "Bedarfsarten" ändern: Übersicht

Neue Einträge

BDAr	Bedarfsart	BdKl	Bezeichnung
KSL	Verkauf ab Lager ohne Abbau PB	030	Verkauf ab Lager
KSV	Kundenauftrag mit Verrechnung	050	Lager Verrechnung
KSVS	Lager mit Verr. o. Endmontage	049	Lager mit Verr.o.E.
KSVV	Lager Verrechnung. VPMAT	070	Lager Verrech.VPMAT
KVV	Kundeneinzel mit Verrechnung	055	Kundeneinzel mit V.

Abbildung 3.36: Zuordnung der Bedarfsklasse zur Bedarfsart

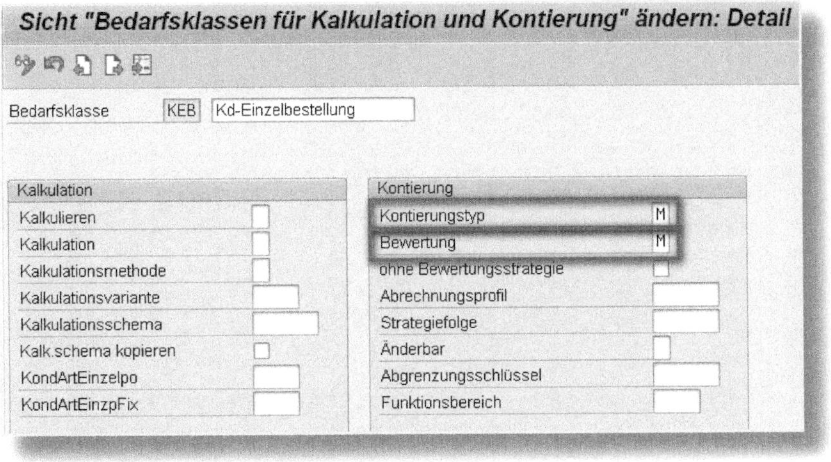

Sicht "Bedarfsklassen für Kalkulation und Kontierung" ändern: Detail

Bedarfsklasse KEB Kd-Einzelbestellung

Kalkulation		Kontierung	
Kalkulieren		Kontierungstyp	M
Kalkulation		Bewertung	M
Kalkulationsmethode		ohne Bewertungsstrategie	
Kalkulationsvariante		Abrechnungsprofil	
Kalkulationsschema		Strategiefolge	
Kalk.schema kopieren		Änderbar	
KondArtEinzelpo		Abgrenzungsschlüssel	
KondArtEinzpFix		Funktionsbereich	

Abbildung 3.37: Bedarfsklasse

Die möglichen Einstellungen zur BEWERTUNG sind leicht erklärt: Finden Sie hier einen leeren Eintrag, so führen Kundenauftragspositionen mit dieser Bedarfsklasse keinen Kundeneinzelbestand. Ist der Wert »M« eingetragen, so gibt es für die entsprechenden Kundenauftragspositionen einen Kundeneinzelbestand.

Der KONTIERUNGSTYP entscheidet darüber, ob die zugeordneten Kundenauftragspositionen kosten- und erlösführend sind (verwenden Sie in diesem Fall den Standard-Kontierungstyp »M«) oder nicht. Da es jedoch vorkommen kann, dass jemand den von SAP ausgelieferten Kontierungstyp »M« verändert hat bzw. die von SAP gewählten Bezeichnungen nicht unbedingt intuitiv verständlich sind, können Sie den Kontierungstyp über den Customizing-Menüpfad Controlling • Produktkosten-Controlling • Kostenträgerrechnung • Kundenauftrags-Controlling • Steuerung Kundenauftragsfertigung/Kundenauftrags-Controlling • Kontierungstypen überprüfen nachschlagen.

Hier ist der Parameter Verbrauchsbuchung entscheidend (siehe Abbildung 3.38): Ist in das Feld der Wert »E« eingetragen, so sind Kundenauftragspositionen mit diesem Kontierungstyp kosten- und erlösführend. Ist kein Wert hinterlegt, so sind sie es nicht.

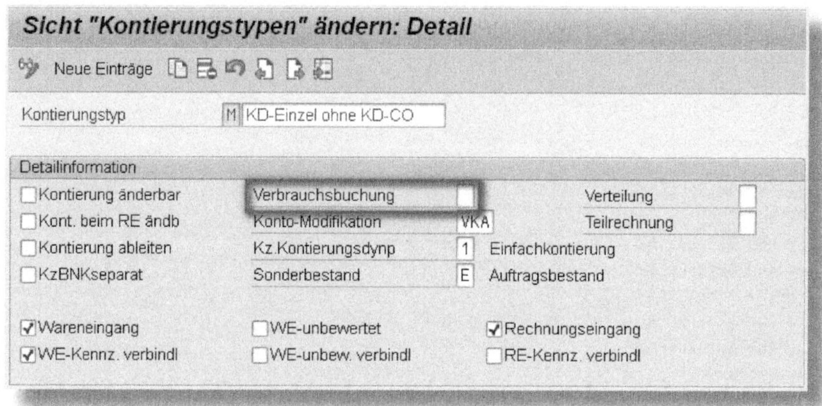

Abbildung 3.38: Details zum Kontierungstyp

Diese ausführliche Einleitung mit Exkursen ins Produktkosten-Controlling war notwendig, um nun die Unterschiede zwischen den verschiedenen Vorgangsschlüsseln für den Warenausgang zum Kundenauftrag erläutern zu können.

3.3.2 Warenausgang zum Kundenauftrag

Wenn Sie Warenausgänge zum Kundenauftrag buchen, kommen drei Vorgangsschlüssel infrage, für die Sie eine Kontenfindung hinterlegen können. In allen drei Fällen entspricht der Buchungssatz der Darstellung in Abbildung 3.39.

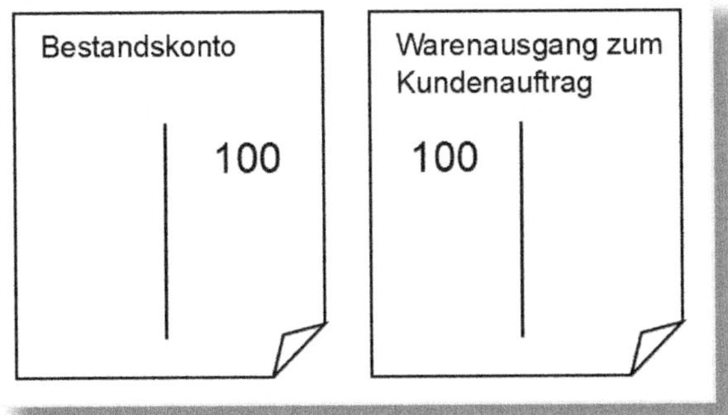

Abbildung 3.39: Warenausgang zum Kundenauftrag

SAP unterscheidet bei der Warenausgangsbuchung zum Kundenauftrag zwischen den Buchungsschlüsseln GBB-VAX und GBB-VAY. Warum das so ist und welcher tiefere Sinn sich dahinter verbirgt, ist mir, ehrlich gesagt, nicht klar. Die Dokumentation dazu ist ebenfalls sehr dürftig und erhellt den Sachverhalt kaum. Die einzige nachvollziehbare Erläuterung des Unterschieds, die ich auch erfolgreich testen konnte, findet sich in Hinweis 616097. Meine Erkenntnisse aus der Lektüre dieses Hinweises stelle ich Ihnen nun vor.

Warenausgang zum Kundenauftrag mit Kontierungsobjekt (GBB-VAY)

Das System ermittelt das Konto für die Buchung des Warenausgangs zum Kundenauftrag anhand des Vorgangsschlüssels *GBB-VAY* unter den folgenden Bedingungen:

1. Das Sachkonto ist eine Kostenart.
2. Die Kundenauftragsposition ist entweder über die Bedarfsklasse als kosten- und erlösführend gekennzeichnet (siehe vorheriger Abschnitt) oder einem Kontierungsobjekt zugeordnet (z. B. Kostenstelle, Innenauftrag, Ergebnisobjekt, PSP-Element).

Bei genauerer Betrachtung werden Sie feststellen, dass beide Bedingungen eigentlich auf nahezu alle Fälle zutreffen, denn in der Regel werden Sie Ihre Verbrauchskonten als Kostenarten führen. In diesem Fall schreibt das System eh zwingend eine Kontierung auf eines der genannten CO-Kontierungsobjekte vor. Es gibt jedoch zwei Ausnahmen, bei denen der Buchungsschlüssel VAX gezogen wird:

Warenausgang zum Kundenauftrag ohne Kontierungsobjekt (GBB-VAX)

Der Buchungsschlüssel **GBB-VAX** ist für die folgenden Fälle relevant:

1. Das Sachkonto ist keine Kostenart.
2. Die Kundenauftragsposition führt Kundeneinzelbestand und ist **nicht** kosten- und erlösführend.

Warum Sie ein Warenausgangskonto **nicht** als Kostenart führen sollten, ergibt nur dann einen Sinn, wenn Sie die kalkulatorische Ergebnisrechnung (CO-PA) verwenden, da ja bei dieser Komponente die Verbuchung des Warenausgangs im CO erst mit der Faktura erfolgt. Insbesondere im Hinblick auf S/4HANA, wo die buchhalterische Form der Ergebnisrechnung wieder stärker in den Vordergrund rückt, ist der Vorgangsschlüssel GBB-VAX somit als Exot anzusehen. In den allermeisten Fällen werden Sie GBB-VAY verwenden.

Kundenauftragskontierung (GBB-VKA)

Es kann vorkommen, dass Sie Material zu einem Kundenauftrag verbrauchen, ohne es jedoch zum Kunden zu liefern, d. h., Sie buchen den Verbrauch über die Transaktion *MIGO* mit der Bewegungsart 231 bzw. 232 und nicht über die Auslieferung zum Kundenauftrag. Dies kann z. B. der Fall sein, wenn Sie zusätzlich noch Verpackungsmaterial aufwenden oder Hilfs- und Betriebsstoffe entnehmen, die für die Verpackung oder den Versand notwendig sind. In einem solchen Szenario ermittelt das System das zu bebuchende Verbrauchskonto über den Buchungsschlüssel GBB-VKA.

Eine weitere Einsatzmöglichkeit für diesen Buchungsschlüssel ist die Erfassung einer Bestellung mit Bezug zum Kundenauftrag. Dazu geben Sie in der Spalte K (wie Kontierung) einen Kontierungstypen an – im Standard steht der Typ *E* für *Kundenauftrag* (siehe Abbildung 3.40).

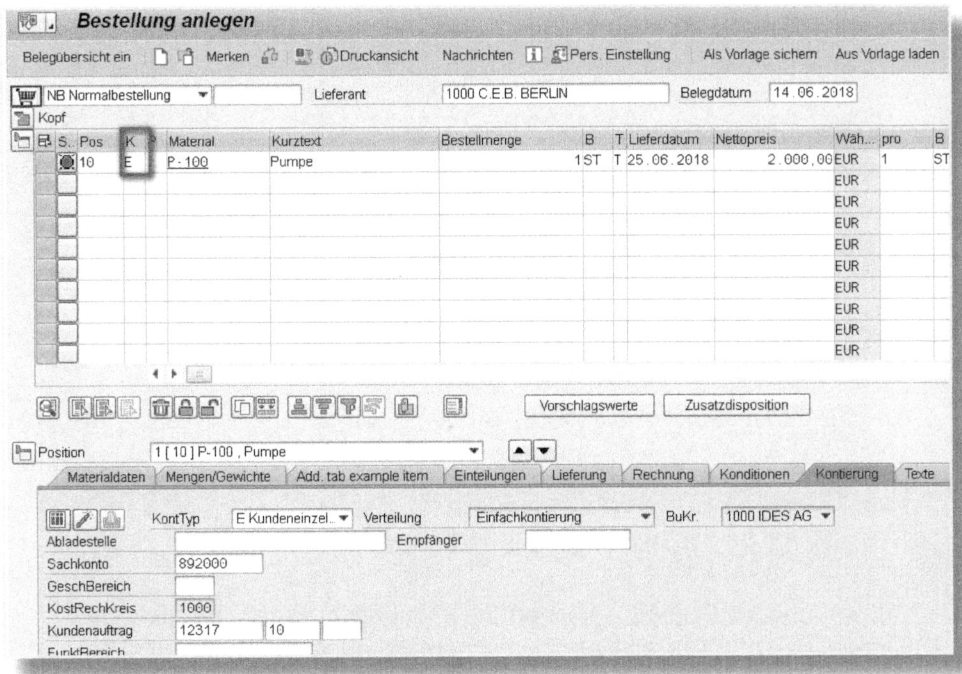

Abbildung 3.40: Kundeneinzelbestellung

Sobald Sie zu dieser Bestellung den Wareneingang buchen, wird das dazugehörige Verbrauchskonto über den Kontierungstyp ermittelt, den ich im vorangegangenen Abschnitt schon mit Bezug zur Bedarfsklasse erläutert habe.

Kontierungstypen können auch im Einkauf eingesetzt werden, sie steuern dann neben den verwendbaren Feldern auch den Buchungsschlüssel. Wie Sie in Abbildung 3.41 erkennen können, ist es möglich, im Feld Konto-Modifikation einen Buchungsschlüssel zu hinterlegen, anhand dessen die Kontierung für den Wareneingang ermittelt wird.

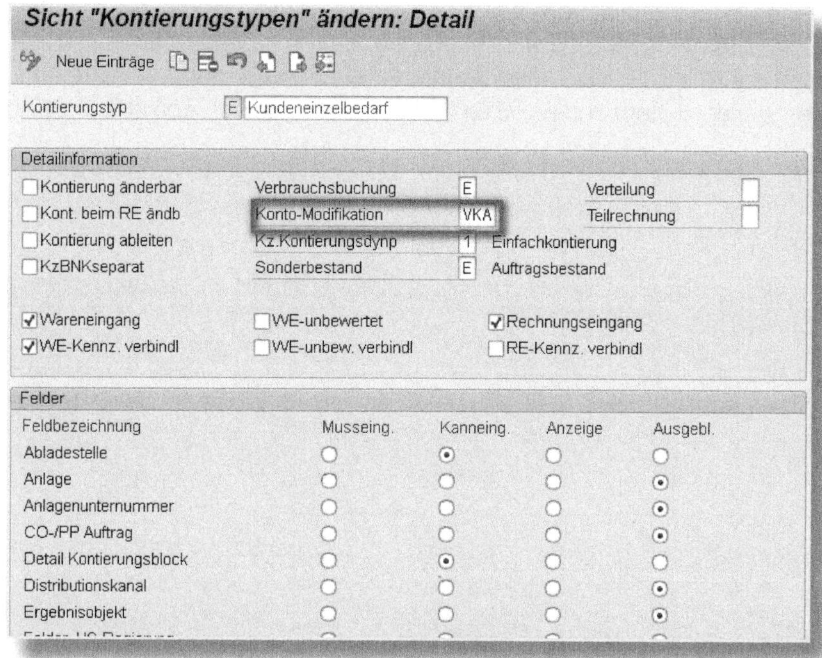

Abbildung 3.41: Kontierungstyp zur Bestellung

Den Vorgang *GBB-VKA* können Sie somit auch nutzen, um den Wareneingang für Bestellungen zu buchen, die auf einen Kundenauftrag kontiert sind.

Projektkontierung (GBB-VKP)

Analog zum soeben beschriebenen Buchungsschlüssel GBB-VKA können Sie im Kontierungstyp im Feld KONTO-MODIFIKATION auch den Schlüssel *VKP* eintragen, um eine Kontenfindung für Bestellungen zu hinterlegen, die auf ein Projekt kontiert werden (siehe Abbildung 3.42). Entsprechend ordnen Sie die zu bebuchenden Sachkonten für die Projektkontierung mithilfe des Vorgangs GBB-VKP zu.

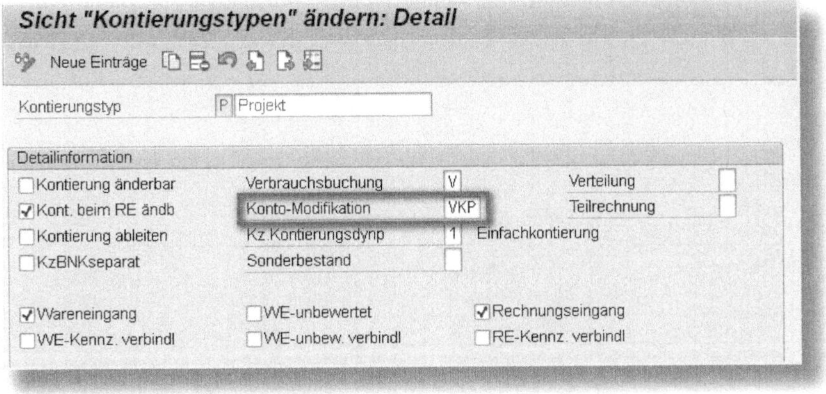

Abbildung 3.42: Kontierungstyp »Projektkontierung«

3.3.3 Agenturgeschäft

Das Agenturgeschäft (LO-AB) ist ein relativ wenig bekanntes Modul, das in vielfältigen Szenarien eingesetzt werden kann, um Funktionen wie die Zentralregulierung, Provisionsvergütung oder Gutscheinabwicklung zu unterstützen. Im Kern geht es darum, dass eine Zentralstelle, eine Agentur oder ein externer Vertriebsmitarbeiter im Namen eines Lieferanten Rechnungen an Kunden stellt und dabei optional für die eigene Leistung zusätzliche Gebühren gegenüber dem Lieferanten erhebt. Einen beispielhaften Prozessablauf für eine Zentralregulierung sehen Sie in Abbildung 3.43.

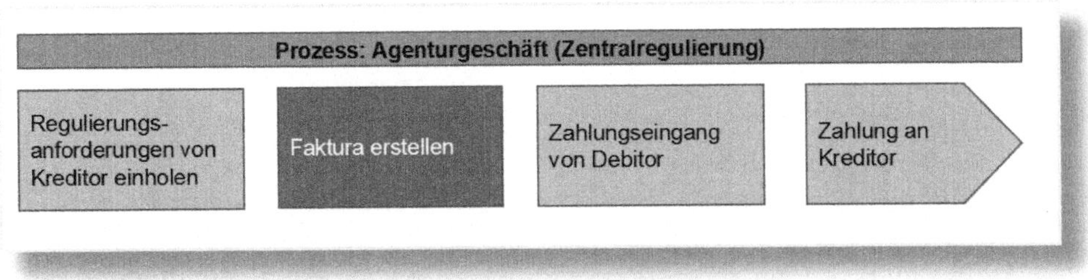

Abbildung 3.43: Prozessablauf Agenturgeschäft

Bei der Abrechnung wird ein Beleg erzeugt, der gleichzeitig mit einem Debitor und einem Kreditor verknüpft ist (siehe Abbildung 3.44). Im Beispiel wird im Namen des Kreditors ein Betrag von 100 EUR an den Debitor verrechnet. Dem Lieferanten wird außerdem eine Delkrederegebühr in Höhe von 30 EUR berechnet, die mit der Verbindlichkeit verrechnet wird.

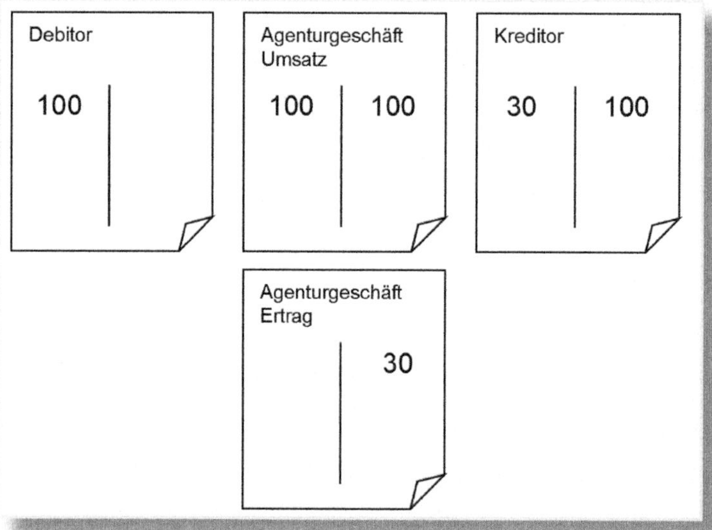

Abbildung 3.44: Zentralregulierung für Agenturgeschäft

Agenturgeschäft Ertrag, Umsatz und Aufwand (AG1, AG2, AG3)

Die Buchungsschlüssel **AG1**, **AG2** und **AG3** sind ähnlich generisch wie die Fracht- und Zollzuschläge (siehe Abschnitt 3.2.4), und zwar insofern, als Sie in den für das Agenturgeschäft relevanten Einstellungen flexibel festlegen können, wann diese Buchungsschlüssel genutzt werden sollen. Unter Logistik Allgemein • Agenturgeschäft • Grundeinstellungen • Preisfindung festlegen • Kalkulationsschema festlegen finden Sie diverse Kalkulationsschemata, die bei der Lieferart *Agenturgeschäft* sowohl für Kreditoren als auch für Debitoren verwendet werden können und bei denen sich Konditionsarten mit Buchungsschlüsseln verknüpfen lassen (siehe Abbildung 3.45).

Schema RM6001 Agenturgeschäft (Lieferant)

Steuerung

Übersicht Bezugsstufen

Stufe	Zäh	KArt	Bezeichnung	Von	Bis	Ma...	O...	Sta...	D	ZwiSu	Bedg	RchFrm	BasFrm	KtoSl	Rückst
100	0	NTRG	Nettowert ReguBeleg			☐	☐	☐	X		5				
200	0		Nettowert			☐	☐	☐	X	1					
300	0	VSRG	Steuerbetrag Regu.			☐	☐	☐	X		5				
400	0		Bruttowert			☐	☐	☐	X	9					
500	0	RL03	KomisAgenturGeLiefer			☐	☐	☑	X	2			2	AG1	AG1
600	0	VS01	Steuer Agentur	500		☐	☐	☑	X	4					
700	0		Gesamtbetrag			☐	☐	☐	X	S					

Abbildung 3.45: Kalkulationsschema für Agenturgeschäft

Darüber hinaus können Sie in den einschlägigen Fakturaarten dieselben Buchungsschlüssel verwenden. Die Einstellungen dazu finden Sie im Customizing unter LOGISTIK ALLGEMEIN • AGENTURGESCHÄFT • FAKTURIERUNG • FAKTURAARTEN (siehe Abbildung 3.46).

Sicht "Agenturgeschäft: Fakturaarten" ändern: Detail

Neue Einträge

Steuerung Kontenfindung

Kontenfindungsverfahren	Standard
KontoschlUmsatzVerr	AG2 Umsatz Agenturges.
KontoschlUmVerrKunde	
KontoschlLiefVerr	
KontoschRückstel	
KontenfindSachkonto	
KontoschlKursDiffer	
KontoschlMatWertFort	

Abbildung 3.46: Fakturaart für Agenturgeschäft

Delkredere (DEL)

Unter *Delkredere* versteht man das Risiko des Zahlungsausfalls durch einen Debitor. Im Agenturgeschäft kann der Regulierer dem Kreditor dieses Risiko abnehmen und ihm dafür eine Gebühr berechnen. Diese Delkrederegebühr können Sie über ein Einkaufskonditionsschema –

analog zu den oben vorgestellten Buchungsschlüsseln AG1, AG2 und AG3 – mit Konditionstypen verknüpfen. Sie verwenden für Delkredere den Buchungsschlüssel **DEL**.

3.4 Material Ledger

Das *Material Ledger* ist eine Funktionalität im Controlling, die aus vier Komponenten besteht. Sie bietet die Möglichkeit, Materialstämme in bis zu drei verschiedenen Währungen zu führen, sie parallel zu bewerten (nach legaler, Konzern- und Profitcenter-Sicht), und Sie können Transferpreise definieren, die den Austausch von Waren zwischen Profitcentern regeln (siehe Abbildung 3.47). Die vierte Komponente, die Istkalkulation, erlaubt es Ihnen, für Materialien nachträglich Istpreise zu berechnen bzw. sie bei Bedarf umzubewerten. Bei der Berechnung und Verbuchung der Istpreise finden etliche Buchungen statt, für die eigene Vorgangsschlüssel in der Kontenfindung benötigt werden.

Abbildung 3.47: Komponenten des Material Ledgers

Eine ausführliche Einführung in das Material Ledger würde den Rahmen dieses Buches sprengen. Deshalb möchte ich Sie auf das Buch

»Schnelleinstieg in SAP S/4HANA Material Ledger (ML)« verweisen, das 2020 ebenfalls im Verlag Espresso Tutorials erscheinen wird.

Zum Verständnis derjenigen Vorgangsschlüssel der MM-Kontenfindung, die für das Material Ledger relevant sind, möchte ich zumindest an dieser Stelle anhand eines Beispiels den Ablauf des Monatsabschlusses der Istkalkulation skizzieren, um dann die daraus folgenden Buchungen sowie die dafür vorgesehenen Vorgangsschlüssel vorzustellen. Dabei gehen wir vom Beispiel in Abbildung 3.48 aus: Wir betrachten einen einstufigen Fertigungsprozess zur Herstellung eines Fertigproduktes. Für die Fertigung ist ein Rohstoff notwendig, der extern beschafft wird.

Wenn Sie die Istkalkulation verwenden, werden alle Materialien zum Standardpreis bewertet, der als sogenannter *vorläufiger Bewertungspreis* dient. Alle unterperiodischen Warenbewegungen werden zunächst mit diesem Preis bewertet, und erst zum Periodenabschluss führen Sie die Istkalkulation durch. Danach können Sie entscheiden, ob Sie die Materialien und deren Verbräuche anschließend zu Istkosten umbewerten oder die Istkosten nur zu Berichtszwecken berechnen.

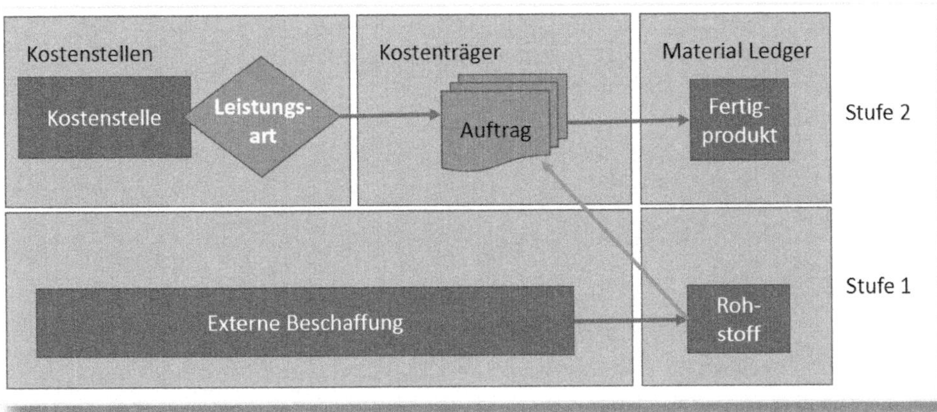

Abbildung 3.48: Stufen im Produktionsprozess

Zum Periodenende führen Sie den Periodenabschluss zur Istkalkulation durch. Dieser umfasst die folgenden Schritte, die ich in den anschließenden Abschnitten erläutern werde:

- einstufige Preisdifferenzen,
- mehrstufige Preisdifferenzen,
- Nachbewertung der Isttarife,
- Abschlussbuchung,
- Umbewertung von Ware in Arbeit.

Darüber hinaus können Sie – optional und zusätzlich – einen sogenannten *Alternativen Bewertungslauf* durchführen.

3.4.1 Einstufige Preisdifferenzen im Material Ledger

Beim Einkauf des Rohstoffes, der wie bereits erwähnt zum Standardpreis bewertet wird, können Preisdifferenzen auftreten, wenn der Bestell- und/oder der Rechnungspreis vom Standardpreis abweichen (siehe Abbildung 3.49). Darüber hinaus können Kursdifferenzen entstehen, wenn in Fremdwährung bestellt oder das Material Ledger auch in parallelen Währungen geführt wird.

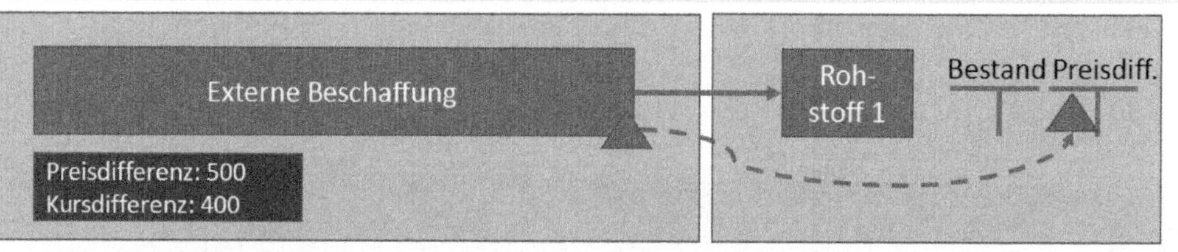

Abbildung 3.49: Preisdifferenzen für Rohstoffe

Nehmen wir nun an, Ihr Rohstoff sei mit einem Standardpreis von 10 EUR bewertet, und Sie bestellen 100 Stück davon. Der Bestellpreis soll 15 EUR betragen.

Bei Buchung des Wareneingangs wird der Rohstoff zum Standardpreis in den Bestand gebucht (siehe ❶ in Abbildung 3.50). Die Gegenbuchung erfolgt auf dem WE/RE-Konto zum Bestellpreis (1500 EUR), und die Differenz aus beiden Positionen (500 EUR) wird auf dem Preisdifferenzenkonto verbucht.

Nehmen wir weiter an, dass die Rechnung des Kreditors in Fremdwährung erfolgt und umgerechnet 2500 EUR beträgt, also höher ausfällt als der Bestellwert. Die Differenz gegenüber dem Bestellwert beträgt insgesamt 1000 EUR, wovon 600 EUR aus Kursdifferenzen resultieren und die restlichen 400 EUR tatsächliche Preisdifferenzen sind. In diesem Fall wird der volle Rechnungsbetrag auf das Kreditorenkonto gebucht (siehe ❷ in Abbildung 3.50). Auf dem WE/RE-Konto wird jedoch nur der dem Wareneingang entsprechende Betrag gebucht. Die Differenz aus Wareneingangswert und Rechnungswert verteilt sich auf die beiden Konten für Preisdifferenzen und Kursdifferenzen. Zur leichteren Zuordnung sind zusammenhängende Buchungen jeweils mit derselben Ziffer markiert.

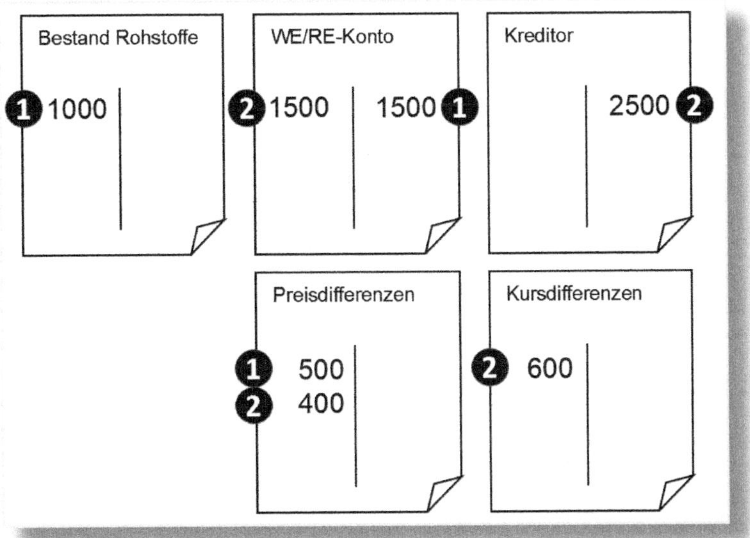

Abbildung 3.50: Buchung des Waren- und Rechnungseingangs bei Standardpreisbewertung

Die Vorgangsschlüssel für die verwendeten Konten habe ich Ihnen bereits in den vorangegangenen Abschnitten vorgestellt:

- Bestand: BSX,
- WE/RE-Konto: WRX,
- Preisdifferenzen: PRD,
- Kursdifferenzen: KDM.

Wenn Sie nun zum Periodenabschluss die Istkalkulation durchführen, ermittelt das System anhand der aufgelaufenen Preis- und Kursdifferenzen rückwirkend den sogenannten *Periodischen Verrechnungspreis* für die abgelaufene Periode. Sie können dann entscheiden, ob der Materialbestand rückwirkend umbewertet werden soll oder nicht. In Abbildung 3.51 sehen Sie ein Beispiel für eine Abschlussbuchung mit Umbewertung.

Abbildung 3.51: Abschlussbuchung im Material Ledger mit Umbewertung

Wenn Sie zum Periodenende das Material in der Vorperiode nicht umbewerten wollen, wird anstelle des Bestandskontos ein eigens für diesen Zweck vorgesehenes *Differenzenkonto* bebucht (siehe Abbildung 3.52).

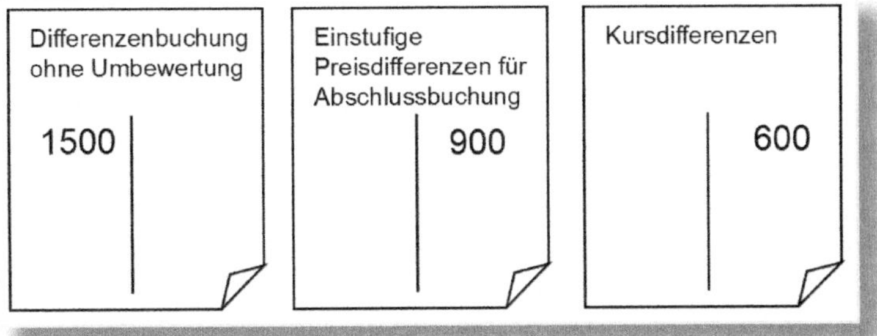

Abbildung 3.52: Abschlussbuchung im Material Ledger ohne Umbewertung

Abschlussbuchung im Material Ledger für einstufige Preisdifferenzen (PRY)

Bei der Abschlussbuchung im Material Ledger erfolgt die Umbewertung anhand einer Buchung vom Bestandskonto gegen ein Konto für einstufige Preisdifferenzen im Material Ledger. Die Kontenfindung für diese Buchung hinterlegen Sie mithilfe des Buchungsschlüssels *PRY*.

Für den Buchungsschlüssel PRY können Sie zusätzlich die Modifikation *PRY-PNL* einsetzen, um das Verrechnen von einstufigen Preisdifferenzen an die nächsthöhere Stufe im Fertigungsprozess zu kennzeichnen (siehe Abschnitt 3.4.2). Sie müssen dann jedoch immer noch eine Kontenfindung für den Schlüssel PRY ohne Modifikation hinterlegen, um die Verrechnung der einstufigen Preisdifferenzen an den Bestand zu steuern.

Verrechnen von Kursdifferenzen im Material Ledger (KDM)

Den Vorgang *KDM* hatte ich bereits in Abschnitt 3.2.9 vorgestellt. Er wird auch verwendet, um Kursdifferenzen bei der Abschlussbuchung im Material Ledger zu verrechnen. Sie können diesen Vorgang ebenfalls um die Modifikation *KDM-PNL* erweitern, wie soeben für den Vorgang PRY beschrieben.

Differenzenbuchung im Material Ledger ohne Umbewertung (LKW)

Wenn Sie sich entschließen, das Material zum Periodenende nicht umzubewerten, erfolgt die Buchung der Preis- und Kursdifferenzen nicht gegen das Bestandskonto, sondern gegen ein Abgrenzungskonto, das Sie über den Vorgangsschlüssel *LKW* festlegen.

3.4.2 Mehrstufige Preisdifferenzen im Material Ledger

Betrachten wir nun die Preisdifferenzen im Gesamtszenario, das ich in Abbildung 3.48 skizziert hatte. Wie gerade beschrieben, können beim Einkauf der Rohstoffe Abweichungen entstehen, die vom Material Ledger als einstufige Preisdifferenzen identifiziert werden. In Abbildung 3.53 sehen Sie, dass darüber hinaus auch Abweichungen im Produktionsprozess des Fertigproduktes möglich sind. Bei der Fertigung können z. B. mehr oder weniger Rohstoffe als geplant verbraucht bzw. mehr oder weniger Leistungen von den Produktionskostenstellen in Anspruch genommen worden sein. Außerdem können die Leistungstarife der Kostenstellen vom Plan abweichen. Schließlich müssen noch die Preisdifferenzen berücksichtigt werden, die bereits einstufig für die im Produktionsprozess verbrauchten Rohstoffe berechnet wurden.

Die gesamten Abweichungen, die in Abbildung 3.53 skizziert sind, werden beim Periodenabschluss des Material Ledgers mit einem einzigen Buchhaltungsbeleg gebucht. Diesen zu analysieren, ist eine komplizierte Aufgabe, weshalb ich die Bestandteile des Abschlussbelegs im Einzelnen erläutern möchte.

Betrachten wir zunächst die einstufigen Preisdifferenzen, die im Fertigungsprozess entstanden sind: Im Beispiel wurde bei der Fertigung ein Stück des Rohstoffes mehr verbraucht und eine Fertigungsstunde mehr aufgewendet als geplant. Der Mehrverbrauch des Rohstoffes wird zu dessen noch geltendem Standardpreis gebucht (10 EUR), die zusätzliche Fertigungsstunde zum Plantarif (im Beispiel 50 EUR/h). Gehen wir davon aus, dass die hergestellten Fertigprodukte noch am Lager liegen, so werden mit der Abschlussbuchung die einstufigen

Preisdifferenzen analog zu der im vorangegangenen Abschnitt beschriebenen Vorgehensweise gebucht (siehe Abbildung 3.54).

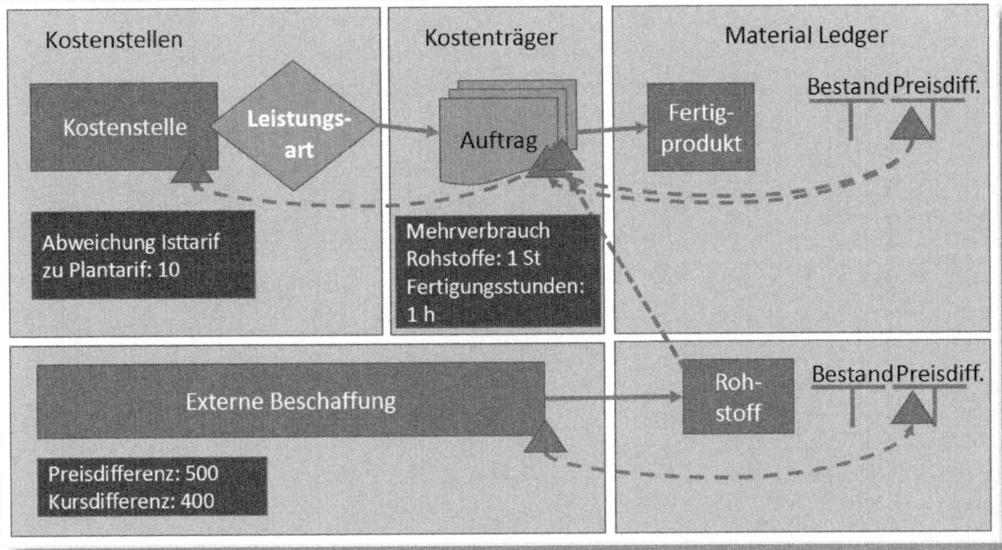

Abbildung 3.53: Mehrstufige Preisdifferenzen

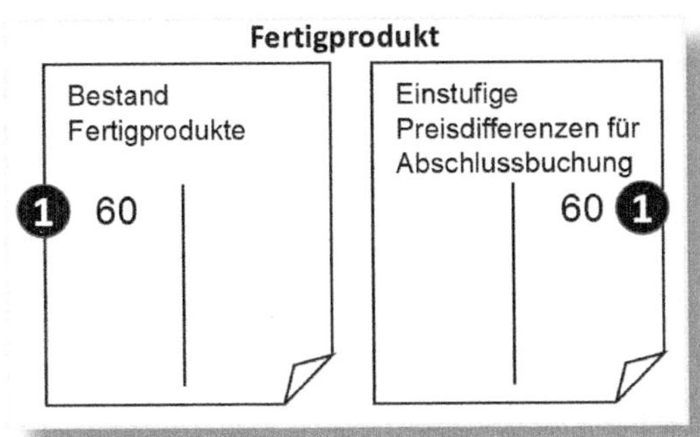

Abbildung 3.54: Buchung der einstufigen Preisdifferenzen zum Fertigprodukt

Als Nächstes werden diese einstufigen Preisdifferenzen des Rohstoffes anteilig an das Fertigprodukt weiterverrechnet. »Anteilig« bedeutet, dass die Preisdifferenzen nur für die Menge an Rohstoffen verrechnet werden, die auch tatsächlich in der Fertigung verbraucht wurde. Für diejenigen Rohstoffe, die noch am Lager liegen, werden die einstufigen Preisdifferenzen an den Bestand verrechnet (siehe Abschnitt 3.4.1). Wie in Abbildung 3.55 dargestellt, verrechnet das System die einstufigen Preis- und Kursdifferenzen zunächst gegen Konten für mehrstufige Preis- und Kursdifferenzen.

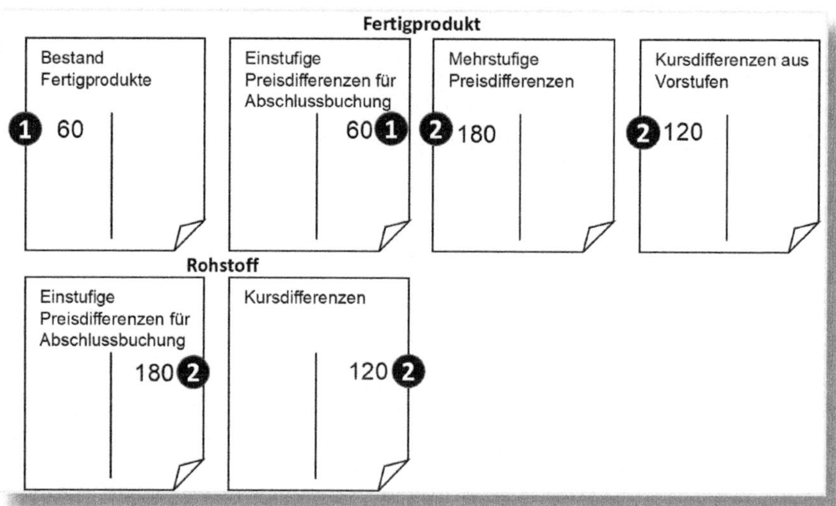

Abbildung 3.55: Weiterverrechnung der mehrstufigen Preis- und Kursdifferenzen

Verrechnung von mehrstufigen Preisdifferenzen im Material Ledger (PRV)

Mithilfe des Vorgangsschlüssels *PRV* hinterlegen Sie ein Konto zur Verrechnung der mehrstufigen Preisdifferenzen von niedrigeren an höhere Stufen im Produktionsprozess.

Sie können den Vorgangsschlüssel PRV mit den Modifikationen *PRV-PNL* (Weiterreichen von mehrstufigen Preisdifferenzen an die nächsthöhere Stufe im Fertigungsprozess) und *PRV-PPL* (Empfangen von mehrstufigen Preisdifferenzen von der nächstniedrigeren Stufe) erweitern. Für den Vorgangsschlüssel PRV ohne Modifikation muss in jedem Fall eine Kontenfindung hinterlegt sein, um die Verrechnung der mehrstufigen Preisdifferenzen an den Bestand zu steuern.

Verrechnung für Kursdifferenzen (KDV)

Die mehrstufige Verrechnung von Kursdifferenzen erfolgt analog zu den soeben beschriebenen Preisdifferenzen. Sie verwenden den Vorgangsschlüssel *KDV*, um für diesen Vorgang eine Kontenfindung zu hinterlegen. Auch diesen Vorgangsschlüssel können Sie um die Modifikationen *KDV-PNL* und *KDV-PPL* erweitern.

3.4.3 Nachbewertung der Isttarife

Anschließend führt das System im Rahmen des Monatsabschlusses eine *Isttarifermittlung* der Kostenstellen durch. Im Beispiel gehen wir davon aus, dass der Isttarif um 10 EUR vom Plantarif abweicht. Es erfolgt eine Verrechnung der Kostenstellen an die mehrstufigen Preisdifferenzen (siehe Abbildung 3.56, ❸).

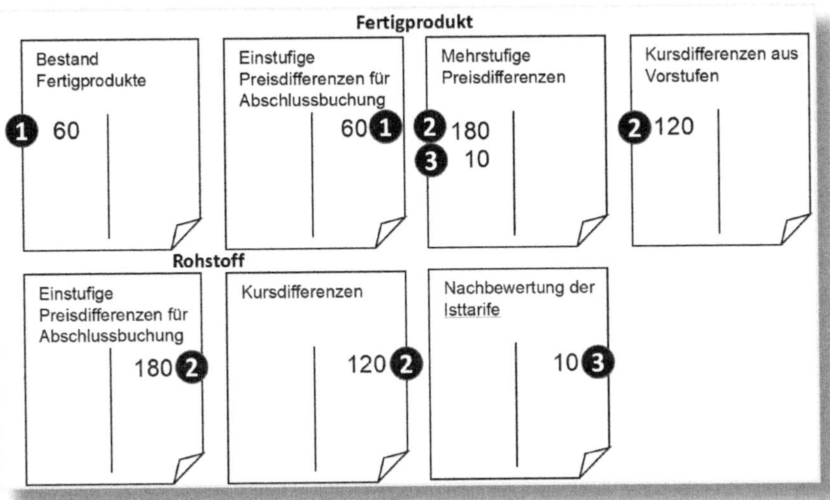

Abbildung 3.56: Nachbewertung der Isttarife

Verrechnung der Isttarifermittlung im Material Ledger (GBB-AUI)

Der Vorgangsschlüssel *GBB-AUI* dient dazu, ein Konto für die Verrechnung der Isttarife im Material Ledger zu hinterlegen.

3.4.4 Abschlussbuchung im Material Ledger

Nachdem das System alle Preis- und Kursdifferenzen ermittelt und verrechnet hat, führt es eine Abschlussbuchung durch. Dabei verrechnet es die gefundenen Differenzen an den Bestand bzw. den Verbrauch in Abhängigkeit davon, ob die hergestellten Fertigprodukte noch am Lager liegen oder bereits (teilweise) verbraucht wurden. In Abbildung 3.57 (❹) sehen Sie ein Beispiel, bei dem noch alle Fertigprodukte am Lager liegen – die mehrstufigen Preis- und Kursdifferenzen werden also an das Bestandskonto verrechnet.

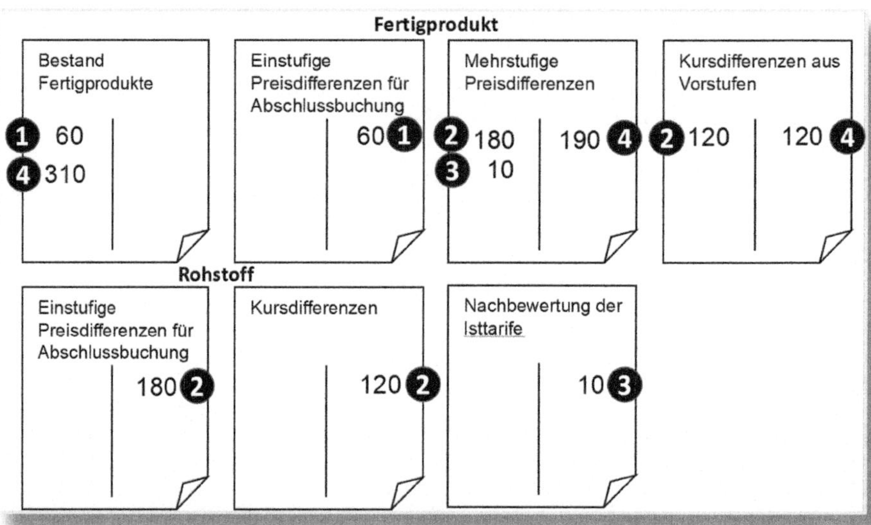

Abbildung 3.57: Abschlussbuchung im Material Ledger

Für den Fall, dass ein Teil der Fertigprodukte bereits verbraucht wurde, bucht das System die Differenzen, die auf die verbrauchte Menge entfallen. Auf diese Weise kann das System auch die Verbräuche nachbewerten. Dabei ist zu unterscheiden, ob die Nachbewertung zum ursprünglich gebuchten Sachkonto bzw. CO-Kontierungsobjekt oder auf einem Sammelkonto erfolgen soll.

Sie legen selbst fest, welche Vorgänge zum Ursprung nachbewertet werden sollen, indem Sie zunächst im Customizing unter Controlling • Produktkosten-Controlling • Istkalkulation/Material Ledger • Materialfortschreibung • Bewegungsartengruppen des Material Ledgers definieren Bewegungsartengruppen definieren und entscheiden, ob für die jeweilige Gruppe nur das Sachkonto (Eintrag »1« in der Spalte VerbrNachbew [Verbrauchsnachbewertung]) oder auch das CO-Kontierungsobjekt (Eintrag »2«) nachbewertet werden soll (siehe Abbildung 3.58).

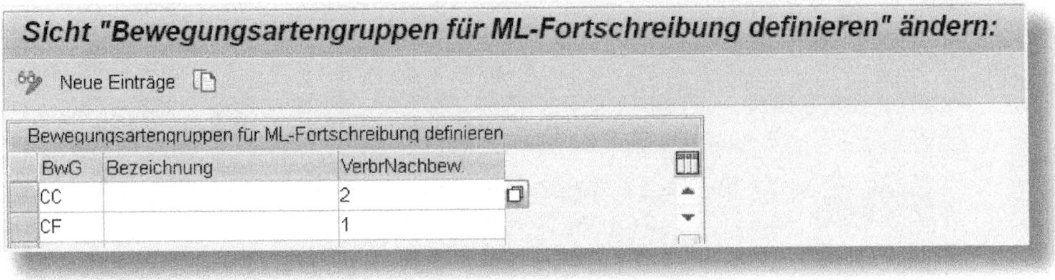

Sicht "Bewegungsartengruppen für ML-Fortschreibung definieren" ändern:

Neue Einträge

Bewegungsartengruppen für ML-Fortschreibung definieren

BwG	Bezeichnung	VerbrNachbew.
CC		2
CF		1

Abbildung 3.58: Bewegungsartengruppe definieren

Im nächsten Eintrag unter demselben Menüpfad im Customizing Bewegungsartengruppen des Material Ledgers zuordnen weisen Sie Ihren Gruppen außerdem einzelne Bewegungsarten zu. Im Beispiel in Abbildung 3.59 ist die Bewegungsart *601* (Auslieferung zum Kundenauftrag) der Gruppe *CF* zugeordnet; es wird also das Sachkonto nachbelastet.

Sicht "Zuordnen ML-Bewegungsartengruppe" ändern: Übersicht

Zuordnen ML-Bewegungsartengruppe

BewegArt	So...	Bew	Zug	Vbr	Bewegungsartentext	Bewegungsartengruppe
582	E			P	WR KdAuf NebPr Netzp	
582	Q				WR Proj. NebPr Netzp	
582	Q			P	WR Proj. NebPr Netzp	
601		L			WL WarenausLieferung	CF
601		L		E	WL WarenausLieferung	CF
601		L		P	WL WarenausLieferung	CF
601		L		V	WL WarenausLieferung	CF
601	E	L			WL Lieferung KdAuf	CF
601	E	L		E	WL Lieferung KdAuf	CF
601	E	L		P	WL Lieferung KdAuf	CF
601	E	L		V	WL Lieferung KdAuf	CF
601	K	L			WL WarenausLieferung	CF

Abbildung 3.59: Bewegungsartengruppe zuordnen

Nachbewertung zum Sachkonto und Kontierungsobjekt

Wenn Sie Fertigprodukte zu einem Kundenauftrag an einen Kunden liefern, wollen Sie in der Regel Preisdifferenzen zum Fertigprodukt auf dem ursprünglich gebuchten Sachkonto und dem Kontierungsobjekt (normalerweise ein Ergebnisobjekt) nachbelasten, um ein korrektes Vertriebscontrolling zu gewährleisten. Verbrauchen Sie hingegen Rohstoffe für Testzwecke auf einer F&E-Kostenstelle, ist eine Nachbewertung nicht unbedingt zwingend.

Sammelkonto für Verbrauchsnachbewertung (COC)

Alle Verbräuche, die mit Bewegungsarten ohne Zuordnung zu einer Bewegungsartengruppe gebucht wurden, werden folglich nicht zum ursprünglichen Sachkonto nachbewertet, sondern zu einem Sammelkonto. Dieses Sammelkonto hinterlegen Sie mithilfe des Vorgangsschlüssels *COC*.

3.4.5 Umbewertung von Ware in Arbeit im Material Ledger

Neben den Verbräuchen und dem Bestand kann das Material Ledger auch *Ware in Arbeit* (engl.: Work in Process, kurz: WIP), also zum Periodenabschluss noch unfertige Erzeugnisse, nachbewerten. Die Ermittlung von ein- und mehrstufigen Preisdifferenzen sowie Kursdifferenzen erfolgt dabei analog zur soeben dargestellten Vorgehensweise für fertige Produkte. In Abbildung 3.60 sehen Sie das Buchungsbeispiel aus den vorangegangenen Abschnitten für den Fall, dass die Fertigprodukte zum Periodenabschluss noch nicht fertiggestellt sind. Ein wichtiger Unterschied ist allerdings, dass Sie je ein Konto für die Nachbewertung von Preisdifferenzen für Material und für Leistungen hinterlegen. Die Nachbewertung für Isttarife wird somit auf ein anderes WIP-Konto gebucht als die Preisdifferenzen, die aus Material resultieren.

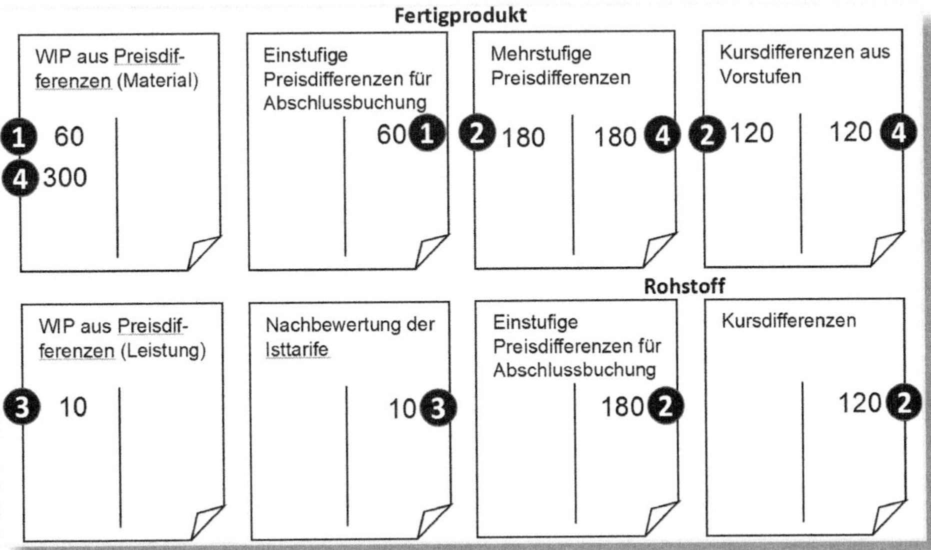

Abbildung 3.60: Nachbewertung von Ware in Arbeit

Wenn in der nächsten Periode das Material fertiggestellt wird und der Fertigungsauftrag den Status »endgeliefert« erhält, löst das System sowohl die aufgelaufene als auch die nachbewertete WIP wieder auf.

Für die Auflösung letzterer hinterlegen Sie wiederum separate Konten (siehe Abbildung 3.61).

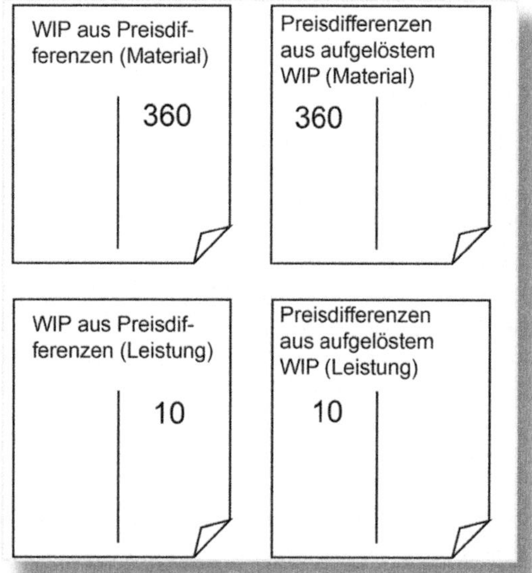

Abbildung 3.61: Auflösung der nachbewerteten Ware in Arbeit

Bildung von Ware in Arbeit aus Preisdifferenzen für Material (WPM)

Um ein Konto für den Aufbau von Ware in Arbeit zu hinterlegen, das aus Preisdifferenzen für Material besteht, verwenden Sie den Vorgangsschlüssel *WPM*.

Bildung von Ware in Arbeit aus Preisdifferenzen für Leistungen (WPA)

Analog dient der Vorgangsschlüssel *WPA* dazu, ein Konto für den Aufbau von Ware in Arbeit aus Preisdifferenzen für Leistungen zu hinterlegen.

Auflösen von Ware in Arbeit aus Preisdifferenzen für Material (PRM)

Um aufgebaute Ware in Arbeit aus materialbezogenen Preisdifferenzen wieder aufzulösen, hinterlegen Sie ein Konto für den Vorgangsschlüssel *PRM*.

Auflösen von Ware in Arbeit aus Preisdifferenzen für Leistungen (PRA)

Den Vorgangsschlüssel *PRM* setzen Sie für eine Kontenfindung ein, um Ware in Arbeit aus Preisdifferenzen mit Leistungsbezug wieder aufzulösen.

3.4.6 Alternativer Bewertungslauf im Material Ledger

Mithilfe eines sogenannten *Alternativen Bewertungslaufs* (engl.: Alternative Valuation Run, kurz: AVR) haben Sie die Möglichkeit, die Kalkulationsergebnisse des Material Ledgers auf andere Weise weiterzuverarbeiten. Beispielsweise können Sie Daten über mehrere Perioden kumulieren oder Plantarife aus anderen Planversionen verwenden. Die Ergebnisse des Alternativen Bewertungslaufs können Sie auf Konten buchen, für die SAP eigene Vorgangsschlüssel anbietet.

Preisdifferenzen für Material im Alternativen Bewertungslauf (PRG)

Preisdifferenzen, die aus Abweichungen bezüglich Material entstehen, können Sie mit dem Vorgangsschlüssel *PRG* buchen.

Preisdifferenzen für Leistungen im Alternativen Bewertungslauf (PRC)

Leistungsbezogene Preisdifferenzen im Rahmen des Alternativen Bewertungslaufs kontieren Sie über den Vorgangsschlüssel *PRC*.

Kursdifferenzen im Alternativen Bewertungslauf (KDG)

Für Kursdifferenzen, die Sie im Alternativen Bewertungslauf ermitteln, können Sie mithilfe des Vorgangsschlüssels *KDG* Konten hinterlegen.

Deltabuchung zum Bestand

Mit dem AVR können Sie Material nicht umbewerten; Sie können aber eine Wertberichtigung auf einem alternativen Konto buchen. Das Bestandskonto dafür hinterlegen Sie über den Vorgangsschlüssel *BSD*.

Aufwand/Ertrag aus Umbewertung (UMD)

Das Gegenkonto zur Wertberichtigung (BSD) hinterlegen Sie mit dem Vorgangsschlüssel *UMD*.

Doppelbelegung von BSD und UMD

Die Vorgangsschlüssel BSD und UMD werden auch verwendet, um Deltabuchungen aus der Bilanzbewertung zu erzeugen. Bitte prüfen Sie auch Abschnitt 3.6.2, falls Sie beide Funktionen nutzen.

3.4.7 Änderungen in der Istkalkulation mit S/4HANA

Mit dem Release 1610 wurde die Buchungslogik in der Istkalkulation verändert. Ein- und mehrstufige Preisdifferenzen werden nun nicht mehr unterschieden, sondern in einem Abrechnungsschritt verrechnet. Die Vorgangsschlüssel PRV (einstufige Preisdifferenzen für Abschlussbuchung) und KDV (Kursdifferenzen aus Vorstufen) finden keine Verwendung mehr.

Ich zeige Ihnen nun, wie die Abschlussbuchung aus dem Beispiel in Abschnitt 3.4 in S/4HANA aussehen würde. Die Verrechnung der Preis- und Kursdifferenzen aus den Vorstufen (siehe Abbildung 3.62) vollzieht sich nunmehr anhand der Vorgangsschlüssel PRY (vgl. Abschnitt

3.4.1) und KDM (vgl. Abschnitt 3.2.9). Die Buchung erfolgt dabei einerseits als Entlastung zum Material aus der Vorstufe und andererseits als Belastung des übergeordneten Fertig- oder Halbproduktes.

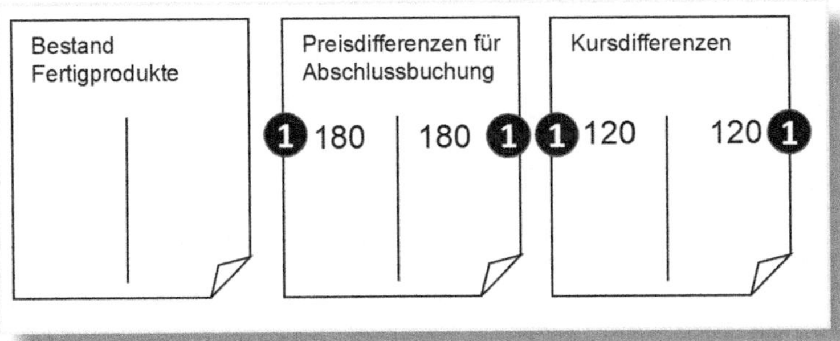

Abbildung 3.62: Abschlussbuchung in S/4HANA (1)

Im nächsten Schritt findet die Nachbewertung der Isttarife (Vorgang GBB-AUI) statt. In S/4HANA wurde der neue Vorgangsschlüssel *PRL* (Differenzen Leistungstarife) hinzugefügt, der als Gegenbuchung zu *GBB-AUI* dient (siehe Abbildung 3.63).

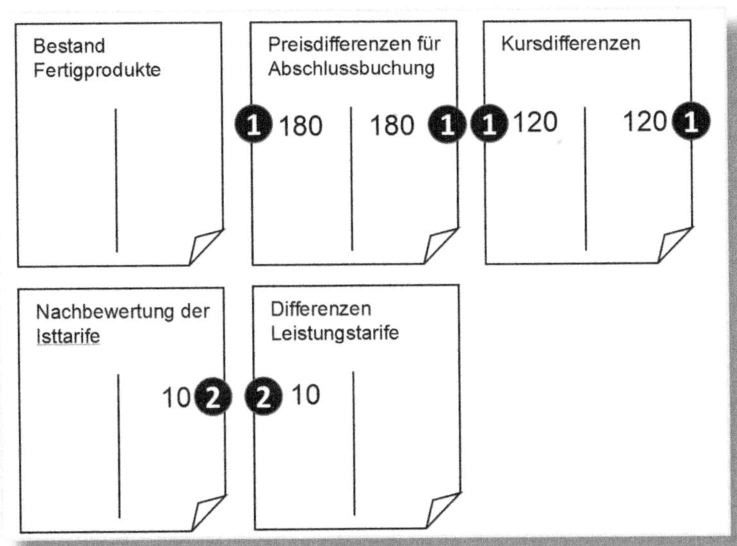

Abbildung 3.63: Abschlussbuchung in S/4HANA (2)

PRL und GBB-AUI ohne Bewertungsklasse

Seit Version 1610 bucht das System alle Belegpositionen zu den Vorgängen PRL und GBB-AUI ohne Bewertungsklasse. Stellen Sie entsprechend sicher, dass Sie die Kontenfindung zu diesen Vorgängen nicht nach Bewertungsklasse differenzieren.

Das Konto für die »Differenzen Leistungstarife« wird anschließend direkt weiter an das Konto »Preisdifferenzen für Abschlussbuchung« (Vorgang PRY) verrechnet (siehe Abbildung 3.64).

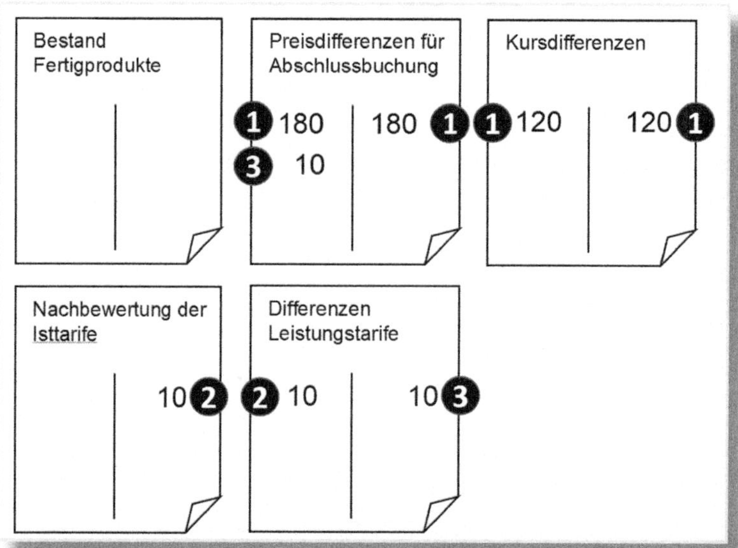

Abbildung 3.64: Abschlussbuchung in S/4HANA (3)

Zum Abschluss verrechnet das System die einstufigen Preisdifferenzen zum Fertigprodukt (im Beispiel den Wert von 60) sowie die gesammelten Preis- und Kursdifferenzen an den Bestand des Fertigproduktes, und zwar für den Fall, dass eine Abschlussbuchung mit Umbewertung erfolgen soll (siehe Abbildung 3.65). Alternativ kann die

Gegenbuchung über den Vorgangsschlüssel LKW erfolgen, wie in Abschnitt 3.4.1 dargestellt.

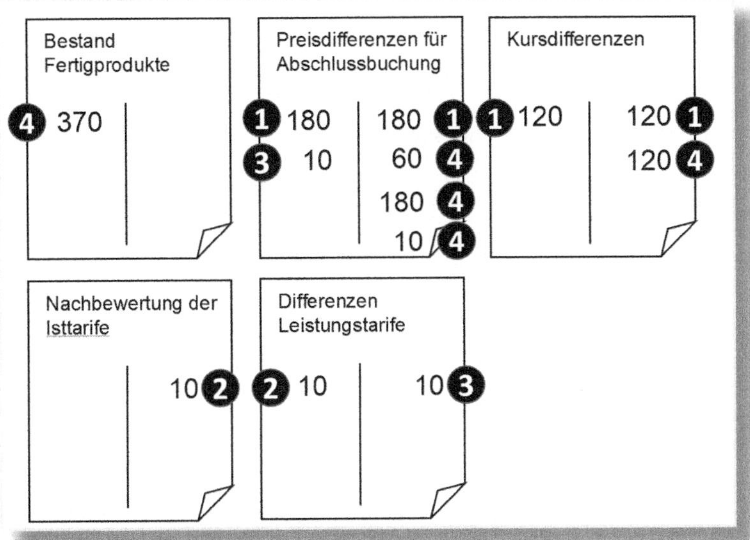

Abbildung 3.65: Abschlussbuchung in S/4HANA (4)

Weitere Informationen zur neuen Buchungslogik der Istkalkulation in S/4HANA finden Sie im SAP-Hinweis 2558888.

3.5 Bestandsführung

In diesem Abschnitt stelle ich Ihnen Vorgänge vor, die im Rahmen der Materialwirtschaft eingesetzt werden, um die Bestandsführung auf dem aktuellen Stand zu halten.

3.5.1 Erfassen der Bestandsaufnahme

Die *Bestandsaufnahme* ist ein rein technischer Vorgang, der im Rahmen der Datenübernahme für den Produktivstart eines SAP-Systems durchgeführt wird. Er dient dazu, initial den Anfangsbestand je Material und Werk zu übernehmen. Sie erfassen die Bestandsaufnahme mithilfe der Transaktion *MIGO* und verwenden die Bewegungsart 561 (für Zugänge) bzw. 562 (für Abgänge). Ein Beispiel für einen Zugang sehen Sie in Abbildung 3.66.

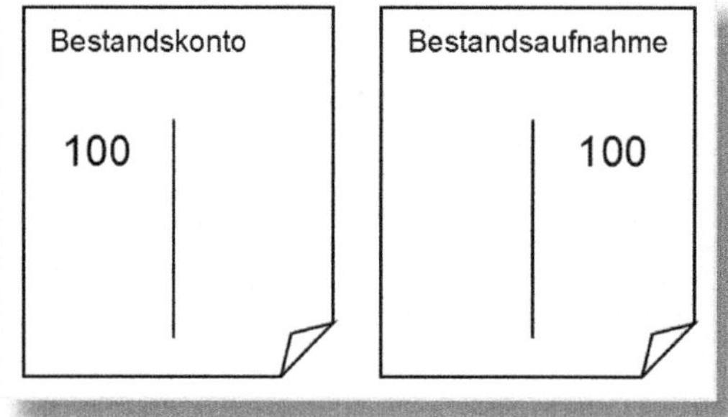

Abbildung 3.66: Bestandsaufnahme

Bestandsaufnahme verbieten

In einem produktiven System sollten die Bewegungsarten 561 und 562 nach Möglichkeit für alle Anwender, eventuell mit Ausnahme der IT, gesperrt sein. Die Verwendung dieses Vorgangs erlaubt es u. a., Wareneingänge ohne Bestellung zu erfassen, was ein potenzielles Betrugsrisiko darstellt.

Darüber hinaus handelt es sich bei dem Konto, das Sie für die Bestandsaufnahme hinterlegen, normalerweise um ein technisches Konto, das nicht in der Bilanz enthalten ist. Buchungen, die nichts mit der technischen Bestandsaufnahme zu tun haben, sollten deshalb nicht über diese Bewegungsarten erfolgen.

Bestandsaufnahme (GBB-BSA)

Die Kontenfindung für die Bestandsaufnahme hinterlegen Sie mithilfe des Vorgangsschlüssels *GBB-BSA*.

3.5.2 Wareneingang ohne Bestellung buchen

Wareneingänge ohne Bestellung erfassen Sie auf sehr ähnliche Weise wie bei der soeben beschriebenen Bestandsaufnahme (siehe Abbildung 3.67). Auch dieser Vorgang geschieht über die Transaktion *MIGO*, dieses Mal jedoch mit der Bewegungsart 501 bzw. 502 als Storno-Bewegungsart.

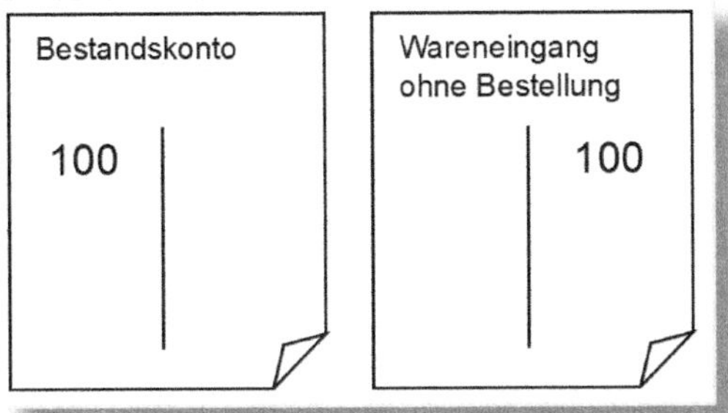

Abbildung 3.67: Wareneingang ohne Bestellung

Wareneingang ohne Bestellung

Genau wie für die Bestandsaufnahme empfehle ich Ihnen dringend, die Bewegungsarten 501 und 502 zu sperren bzw. keine Kontierung für diese zu hinterlegen. Wenn Sie das Modul MM einsetzen, gibt es keine plausiblen Gründe dafür, dass Sie die Erfassung von Wareneingängen ohne Bestellbezug erlauben. Wenn Sie diesen Vorgang mit dem normalen Einkaufsprozess (siehe Abschnitt 3.2) vergleichen, werden Sie feststellen, dass Sie beim »Wareneingang ohne Bestellung« keine Buchung auf dem WE/RE-Konto erhalten und auch keinen Bezug zum Lieferanten herstellen können. Es ist Ihnen somit nicht möglich festzustellen, ob die Ware überhaupt bestellt wurde – und falls ja, ob die richtige Ware in der bestellten Menge geliefert wurde. Beim Rechnungseingang wiederum können Sie keinen Bezug zum Wareneingang herstellen und weder prüfen, ob die berechnete Ware überhaupt geliefert wurde, noch, ob der Rechnungsbetrag vom Bestellwert abweicht.

Wareneingang ohne Bestellung (GBB-ZOB)

Wenn Sie trotz aller Warnungen Wareneingänge ohne Bestellung zulassen möchten, ist dies grundsätzlich über den Vorgangsschlüssel *GBB-ZOB* möglich.

3.5.3 Umlagerung

In der Materialwirtschaft existiert eine Reihe von Bewegungsarten für Umlagerungen. Solange ein Material im selben Werk bleibt und z. B. nur den Lagerort wechselt, sind diese Umlagerungen buchhalterisch irrelevant und erzeugen somit keinen Buchhaltungsbeleg.

Sobald Sie jedoch Material von einem Werk an ein anderes (im selben Buchungskreis) umlagern (z. B. mithilfe der Bewegungsart 301), kann es vorkommen, dass ein und dasselbe Material in den beteiligten Werken einen unterschiedlichen Wert ausweist. Bei der Umbuchung entsteht somit eine Differenz, die auf einem eigens dafür vorgesehenen Konto gebucht wird (siehe Abbildung 3.68).

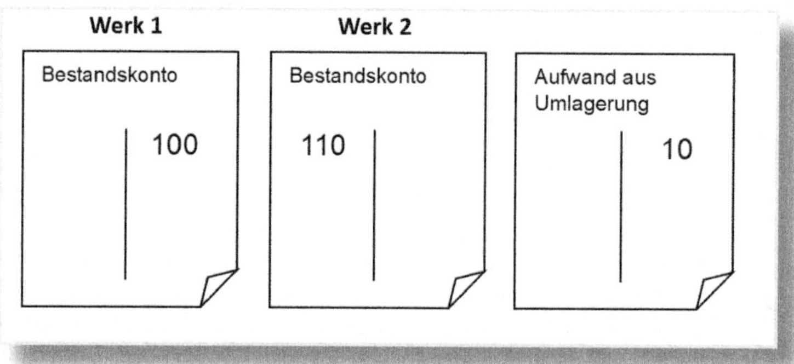

Abbildung 3.68: Umlagerung »Werk an Werk«

Eine Besonderheit stellt dabei die Bewegungsart 309 (Umbuchung Material an Material) dar. Sie können damit nicht nur ein Material von einem Lagerort an einen anderen oder von einem Werk an ein anderes umbuchen, sondern auch ein Material in ein anderes verwandeln (siehe Abbildung 3.69).

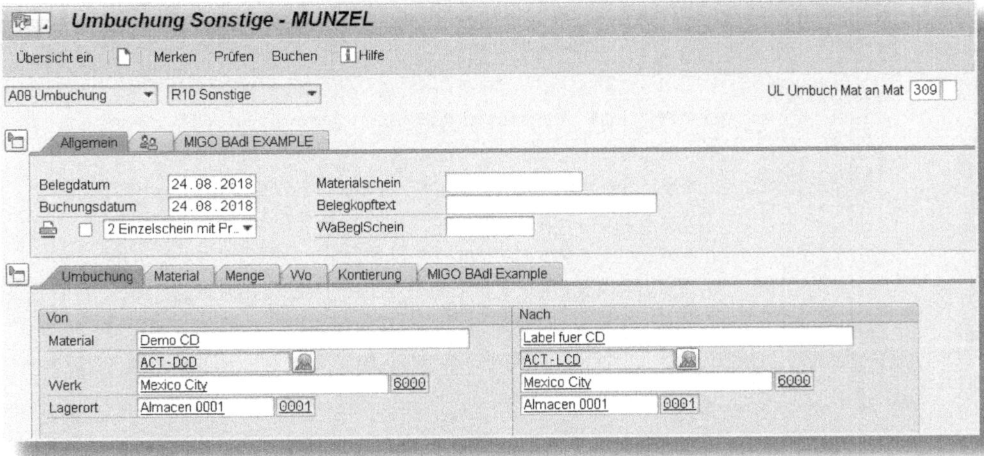

Abbildung 3.69: Umbuchung »Material an Material«

Diese »Alchemie-Bewegungsart«, wie ich sie gern nenne, wird von SAP-Anwendern für die unterschiedlichsten Zwecke benutzt. Man kann damit Fehler korrigieren, wenn ein Material unter der falschen Nummer gebucht war, oder sie kommt zum Einsatz, wenn eine Firma dasselbe Material unter verschiedenen Nummern führt und Bestände umbuchen möchte. Ich habe diese Bewegungsart auch schon in kleinen Produktionsprozessen in Aktion gesehen, für die es zu aufwendig gewesen wäre, extra einen Fertigungsauftrag anzulegen.

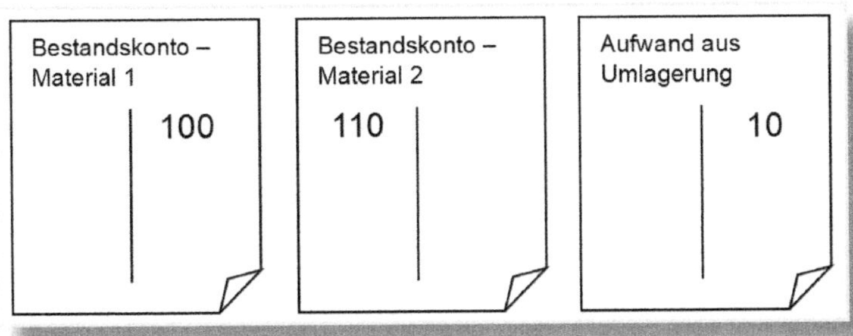

Abbildung 3.70: Buchungsbeispiel für Umbuchung »Material an Material«

Umbuchung »Material an Material«

Für den Fall, dass auch Sie zu den kreativen Kunden gehören, die die Bewegungsart 309 für andere Zwecke einsetzen als den eigentlich vorgesehenen, bedenken Sie bitte, dass sich diese Bewegungsart den Vorgangsschlüssel mit den »echten« Bewegungsarten für Umbuchungen teilt. Das bedeutet, dass Sie für tatsächliche Umlagerungen und für die kreativen Vorgänge der Bewegungsart 309 dasselbe Konto verwenden. Besprechen Sie bitte mit Ihrer Buchhaltung, ob sie damit einverstanden ist.

Aufwand aus Umlagerung (AUM)

Für Umlagerungen, die buchhaltungsrelevant sind (z. B. Bewegungsart 301 oder 309), hinterlegen Sie die entsprechenden Konten zum Vorgangsschlüssel *AUM*.

3.5.4 Inventurdifferenzen

Manche Firmen führen Inventuren zu bestimmten Zeitpunkten im Jahr durch, andere haben eine kontinuierliche Inventur eingeführt. Bei einer Inventur legen Sie in der Materialwirtschaft zunächst einen Inventurbeleg an (Transaktion *MI01*) und zählen dann Ihre Materialbestände. Ihre Zählung erfassen Sie über die Transaktion *MI04*. Das System vergleicht dann die von Ihnen gezählten Bestände mit den im System geführten. Dabei kann es zu einer positiven (es ist mehr Ware vorhanden als im System angezeigt) oder negativen (Sie haben weniger Ware gefunden als erwartet) Inventurdifferenz kommen. Die Diskrepanz zwischen dem tatsächlichen und dem im System hinterlegten Warenbestand erfassen Sie mithilfe der Transaktion *MI07*. Das System bucht daraufhin die Inventurdifferenzen (siehe Abbildung 3.71) über die Bewegungsarten 701 und 702.

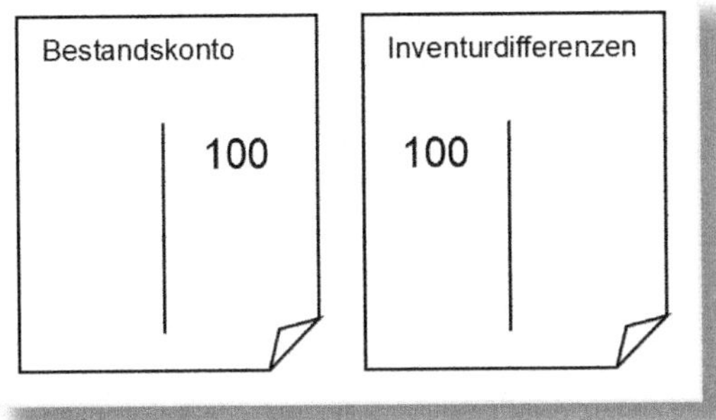

Abbildung 3.71: Inventurdifferenzen

Aufwand und Ertrag aus Inventurdifferenzen (GBB-INV)

Das Gegenkonto zum Bestandskonto, über das Sie Inventurdifferenzen buchen möchten, hinterlegen Sie über den Vorgangsschlüssel *GBB-INV*.

3.5.5 Verschrottung/Vernichtung

Mannigfaltige Gründe können dazu führen, dass Sie Ware verschrotten oder vernichten müssen – beispielsweise, weil die Mindesthaltbarkeit überschritten oder ein Produkt defekt, veraltet bzw. unverkäuflich geworden ist. Eine Verschrottung erfassen Sie über die Transaktion *MIGO* mit der Bewegungsart 551. Manche Firmen verlangen außerdem die Angabe eines Verschrottungsgrunds, um diese Information in der Materialwirtschaft auszuwerten. Das System bucht dabei den Warenabgang vom Bestandskonto an das Verschrottungskonto (siehe Abbildung 3.72).

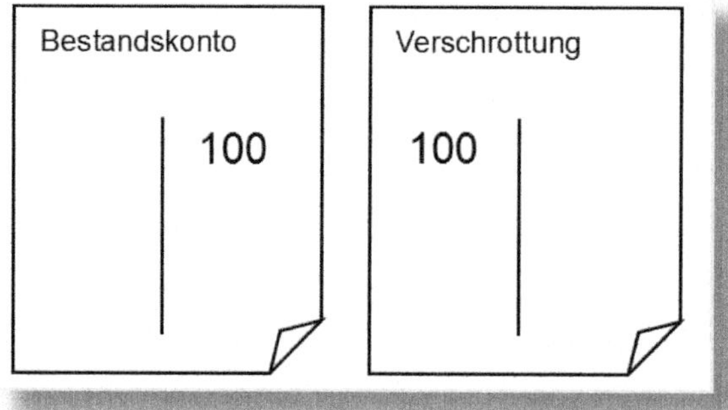

Abbildung 3.72: Verschrottung

Verschrottung/Vernichtung (GBB-VNG)

Für die Verschrottung und Vernichtung hinterlegen Sie ein Sachkonto über den Vorgang *GBB-VNG.*

3.5.6 Warenentnahme für Qualitätskontrollen

Sie können Qualitätskontrollen an verschiedenen Stellen im Logistikprozess durchführen, beispielsweise beim Wareneingang vom Lieferanten bzw. aus der Fertigung oder beim Warenausgang zum Kunden. Dabei kann es notwendig sein, eine Stichprobe zu entnehmen, die entweder vorübergehend in einem Labor überprüft wird oder sogar während des Prüfvorgangs vernichtet werden muss. Auch die Entnahme von Stichproben buchen Sie über die Standardtransaktion für Warenbewegungen *MIGO* mit den Bewegungsarten 331 bis 336. Sie haben ferner die Wahl, die Stichprobenentnahmen nur in FI auf ein Sachkonto ohne Kostenart zu buchen oder eine Kostenart zu verwenden, die Sie mit einem CO-Kontierungsobjekt buchen. Als Kontierungsobjekt können Sie Kostenstellen, Innenaufträge oder Ergebnisobjekte verwenden. Falls Sie das Modul QM nutzen, bietet dieses Ihnen darüber hinaus die Möglichkeit, Prüflose einzusetzen, die aus CO-Sicht Aufträgen entsprechen. Das System bucht dabei vom Bestandskonto gegen ein Konto für die Entnahme von Stichproben, das Sie im System hinterlegen (siehe Abbildung 3.73).

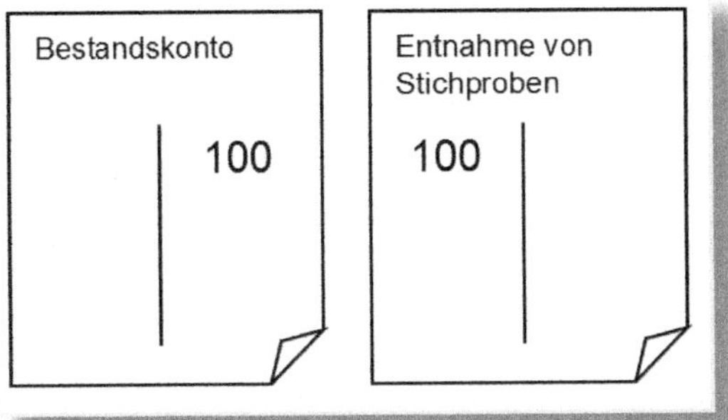

Abbildung 3.73: Entnahme von Stichproben

Stichprobenentnahme (GBB-VQP, GBB-VQY)

Falls Sie Stichprobenentnahmen nur in FI, also ohne Kontierungsobjekt, buchen wollen, hinterlegen Sie das entsprechende Sachkonto zum Vorgangsschlüssel *GBB-VQP*. Wenn Sie hingegen mit Kontierungsobjekten bei der Qualitätsprüfung arbeiten, verwenden Sie den Vorgangsschlüssel *GBB-VQY*.

3.6 Bewertung

In diesem Abschnitt widme ich mich den verschiedenen Vorgängen, mit denen Material umbewertet wird. Dazu erläutere ich kurz die beiden wesentlichen Bestandsbewertungsmethoden.

Sofern Sie nicht die Istkalkulation im Rahmen des Material Ledgers einsetzen, können Sie Ihre Materialien nach zwei Methoden bewerten:

- dem *gleitenden Durchschnittspreis* oder
- dem *Standardpreis*.

Der gleitende Durchschnittspreis (kurz: GLD) wird vom System automatisch berechnet, wenn Sie den Wareneingang für ein Material buchen – typischerweise nach einer Bestellung.

Der GLD ergibt sich dabei immer aus dem Quotienten:

```
            Anfangsbestand + Zugangsmenge
---------------------------------------------------
Wert des Anfangsbestands + Wert der Zugangsmenge
```

In Abbildung 3.74 sehen Sie ein Beispiel dafür: Der Anfangsbestand eines Materials beträgt 10 Stück, die jeweils zum gleitenden Durchschnittspreis von 20 EUR bewertet sind. Daraus ergibt sich ein Gesamtbestandswert von 200 EUR. Bestellen Sie nun weitere 10 Stück von demselben Material zu einem anderen Preis (hier 25 EUR), erhalten Sie einen neuen Gesamtbestand von 20 Stück, die insgesamt 450 EUR wert sind (die 200 EUR aus dem Anfangsbestand plus weitere 250 EUR für die soeben zugegangenen 10 Stück). Das System errechnet daraus einen neuen gleitenden Durchschnittspreis:

```
450 EUR/20 Stück = 22,50 EUR
```

Bei dieser Neuberechnung findet keine wirkliche Umbewertung statt, da der Bestandswert unverändert bleibt (er hat sich bereits bei der Wareneingangsbuchung geändert). Aus diesem Grund erfolgt mit der Umbewertung keine eigene FI-Buchung, und deshalb ist für diesen Vorgang auch keine eigene Kontenfindung notwendig.

Vorgang	Menge	Wert	Gesamtbestand	Gesamtwert	Gleitender Durchschnitts-preis
Anfangsbestand	10	20,00 EUR	10	200,00 EUR	20,00 EUR
WE nach Bestellung	10	25,00 EUR	20	450,00 EUR	22,50 EUR
WA zum Fertigungsauftrag	5	112,50 EUR	15	337,50 EUR	22,50 EUR
Umbewertung auf 25 EUR			15	375,00 EUR	25,00 EUR

Abbildung 3.74: Ermittlung des gleitenden Durchschnittspreises

Beachten Sie, dass sich beim Warenausgang der Preis nicht ändert: Die entnommene Ware wird zum aktuell gültigen GLD bewertet.

Sollten Sie jedoch feststellen, dass Ihre Ware nicht korrekt bewertet ist, können Sie den Preis manuell anpassen. Mit einer solchen Preisänderungsbuchung wird ein FI-Beleg erstellt, für den Sie eine eigene Kontenfindung hinterlegen müssen. In Abbildung 3.75 sehen Sie ein Beispiel für eine Preisänderung, die Sie über Transaktion *MR21* durchführen.

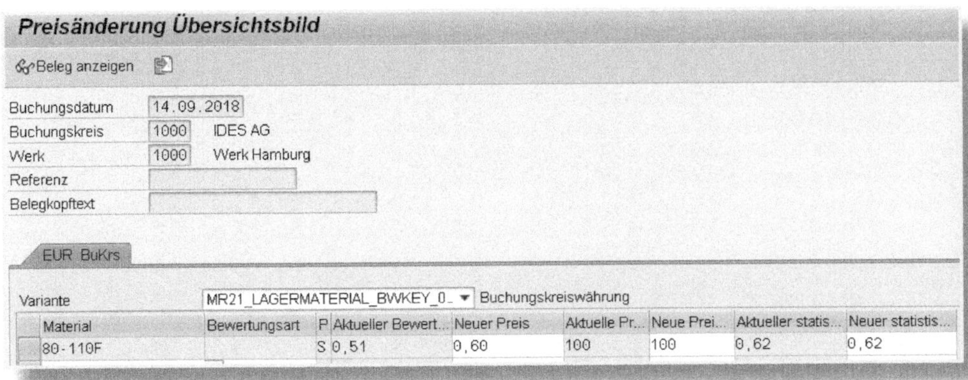

Abbildung 3.75: Manuelle Preisänderung

Bewerten Sie ein Material zum Standardpreis, geschieht dies in der Regel auf Basis einer Produktkalkulation. Im Modul CO-PC errechnen Sie den Standardpreis für ein Material anhand des hinterlegten Mengengerüsts (also dem Arbeitsplan und der Stückliste) sowie ggf. der Gemeinkostenzuschläge (siehe Abbildung 3.76).

Nachdem Sie den Preis kalkuliert haben, können Sie ihn über die Transaktion *CK24* vormerken und anschließend freigeben. Mit der Freigabe erfolgt eine Preisänderung – der kalkulierte Preis wird als neuer Standardpreis übernommen und das Material ggf. umbewertet, sofern der neue Preis vom alten abweicht und noch Bestand vorhanden ist.

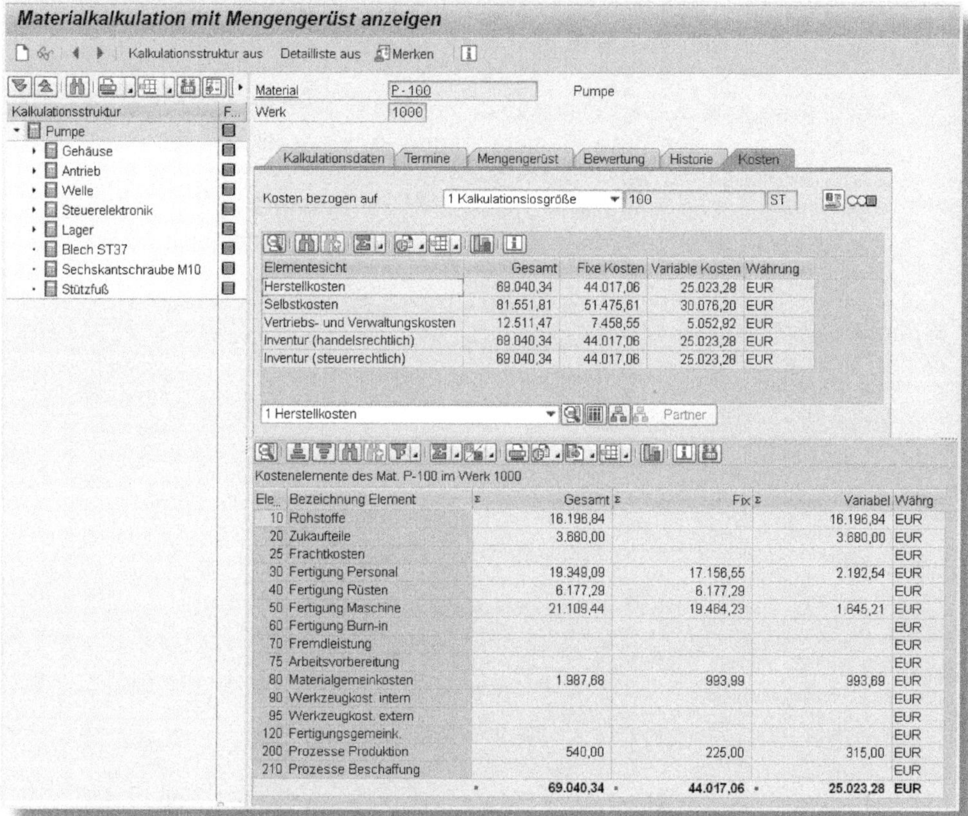

Elementesicht	Gesamt	Fixe Kosten	Variable Kosten	Währung
Herstellkosten	69.040,34	44.017,06	25.023,28	EUR
Selbstkosten	81.551,81	51.475,61	30.076,20	EUR
Vertriebs- und Verwaltungskosten	12.511,47	7.458,55	5.052,92	EUR
Inventur (handelsrechtlich)	69.040,34	44.017,06	25.023,28	EUR
Inventur (steuerrechtlich)	69.040,34	44.017,06	25.023,28	EUR

Ele...	Bezeichnung Element	Gesamt	Fix	Variabel	Währg
10	Rohstoffe	16.196,84		16.196,84	EUR
20	Zukaufteile	3.680,00		3.680,00	EUR
25	Frachtkosten				EUR
30	Fertigung Personal	19.349,09	17.156,55	2.192,54	EUR
40	Fertigung Rüsten	6.177,29	6.177,29		EUR
50	Fertigung Maschine	21.109,44	19.464,23	1.645,21	EUR
60	Fertigung Burn-in				EUR
70	Fremdleistung				EUR
75	Arbeitsvorbereitung				EUR
80	Materialgemeinkosten	1.987,68	993,99	993,69	EUR
90	Werkzeugkost. intern				EUR
95	Werkzeugkost. extern				EUR
120	Fertigungsgemeink.				EUR
200	Prozesse Produktion	540,00	225,00	315,00	EUR
210	Prozesse Beschaffung				EUR
		69.040,34	**44.017,06**	**25.023,28**	**EUR**

Abbildung 3.76: Produktkalkulation

Der Standardpreis bleibt stets konstant, bis Sie eine neue Kalkulation durchführen und anschließend den neu berechneten Preis vormerken sowie freigeben.

Preisänderung nur ohne Kalkulation

Bitte beachten Sie, dass Sie eine Preisänderung über die Transaktion *MR21* nur für Materialien durchführen können, für die Sie keine Kalkulation angelegt haben.

3.6.1 Preisänderung

Wie soeben erläutert, gibt es zwei Möglichkeiten, eine Umbewertung durchzuführen:

- eine manuelle Preisänderung mithilfe der Transaktion MR21 (für Produkte, die zum GLD bewertet sind) oder
- die Freigabe einer Produktkalkulation (für Produkte, die zum Standardpreis bewertet sind). Das System bucht dabei die Differenz vom Bestandskonto an ein Umbewertungskonto (siehe Abbildung 3.77).

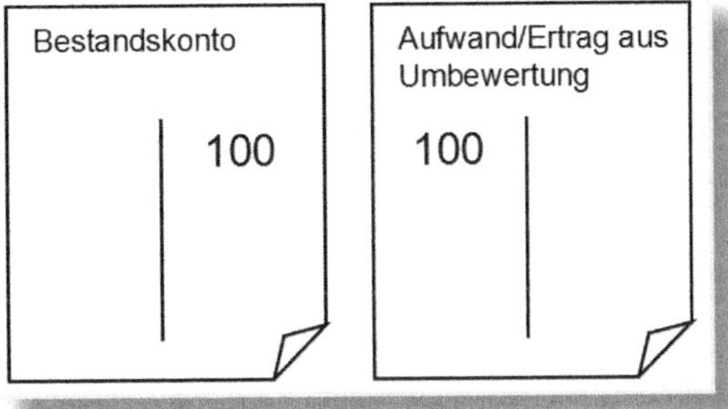

Abbildung 3.77: Umbewertung

Nachträgliche Preisänderung

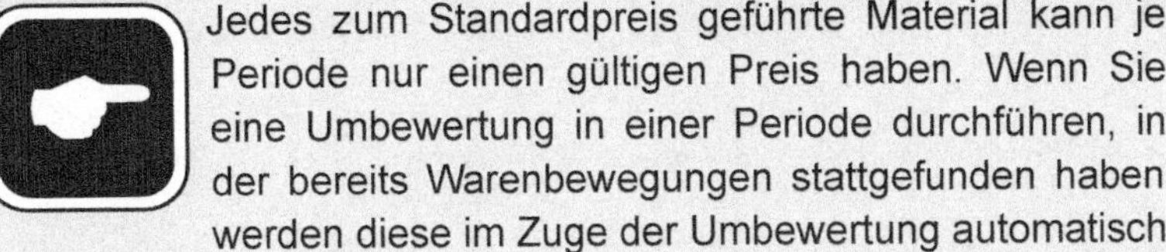

Jedes zum Standardpreis geführte Material kann je Periode nur einen gültigen Preis haben. Wenn Sie eine Umbewertung in einer Periode durchführen, in der bereits Warenbewegungen stattgefunden haben, werden diese im Zuge der Umbewertung automatisch nachbewertet. Das System verwendet dabei denselben Vorgangsschlüssel wie für die eigentliche Umbewertung.

Umbewertung (UMB)

Wenn Sie eine Preisänderung durchführen, müssen Sie dazu mithilfe des Vorgangsschlüssels *UMB* eine Kontenfindung hinterlegen.

3.6.2 Deltabuchung in der Bilanzbewertung

Die Materialpreise, die Sie anhand des gleitenden Durchschnittspreises oder der Produktkalkulation ermittelt haben, können mit der Zeit unrealistisch werden. Das deutsche Handelsgesetzbuch (HGB) schreibt vor, dass Sie Ihre Bestände stets zum Niederstwert bewerten müssen. Grundannahme hierfür ist, dass ein Produkt, das sich als Lagerhüter entpuppt, also lange Zeit liegt, ohne verbraucht oder verkauft zu werden, niedriger zu bewerten ist als eines, das häufig bewegt wird. Sie rufen in SAP die Bilanzbewertung über die Transaktion *MRN9* auf (siehe Abbildung 3.78).

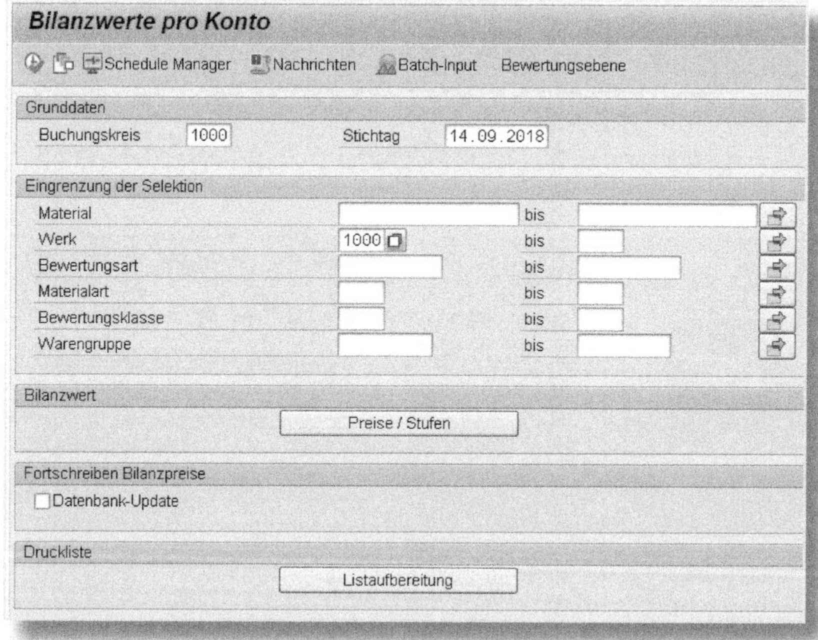

Abbildung 3.78: Bilanzbewertung

Das SAP-System stellt die folgenden Verfahren zur *Niederstwertermittlung* bereit:

- **Marktpreise:** Das System ermittelt, zu welchen Einkaufspreisen ein Produkt in einem bestimmten Zeitraum gekauft wurde.
- **Reichweite:** Es wird anhand der Verbrauchswerte der Vergangenheit errechnet, wie lange der aktuelle Bestand eines Produktes voraussichtlich noch ausreicht, um den zukünftigen Bedarf zu decken. Überschreitet die Reichweite den definierten Wert, wird das Material mit einem Abschlag abgewertet.
- **Gängigkeit:** Die Gängigkeit wird anhand der Gesamtmenge der Zu- oder Abgänge im Verhältnis zum Materialbestand errechnet. Wird dabei ein vorgegebener Schwellenwert unterschritten, gilt das Material als »nichtgängig«, wird also nicht häufig bewegt.
- **Verlustfreie Bewertung:** Um zu verhindern, dass ein Produkt mit Verlust verkauft wird, können Sie an dieser Stelle einen Preis ermitteln, der mindestens erzielt werden muss, um ein Produkt verlustfrei zu verkaufen.

Um die Niederstwertermittlung durchzuführen, definieren Sie, welche der oben genannten Verfahren Sie mit welchen Parametern anwenden wollen. Das System führt daraufhin die entsprechenden Verfahren durch und vergleicht die jeweiligen Ergebnisse mit dem aktuellen Bewertungspreis bzw. dem Niederstpreis des zuvor durchgeführten Verfahrens. Ist der ermittelte Preis niedriger als der Vergleichspreis, schlägt das Programm eine Abwertung vor.

Alternativ bietet das System noch weitere Verfahren zur Berechnung realistischer Preise, etwa das *LiFo(Last-in-First-out)-* oder *FiFo(Fast-in-First-out)-Verfahren*.

Nach erfolgter Bilanzbewertung werden die betroffenen Materialien nicht umbewertet, sondern es wird eine pauschale Korrekturbuchung auf einem oder mehreren eigens dafür vorgesehenen Konten erfasst. Typischerweise wird die Korrektur je Bewertungsklasse vorgenommen.

Sie können die pauschale Abwertung entweder manuell buchen oder vom System automatisch eine sogenannte *Deltabuchung* vornehmen lassen (siehe Abbildung 3.79).

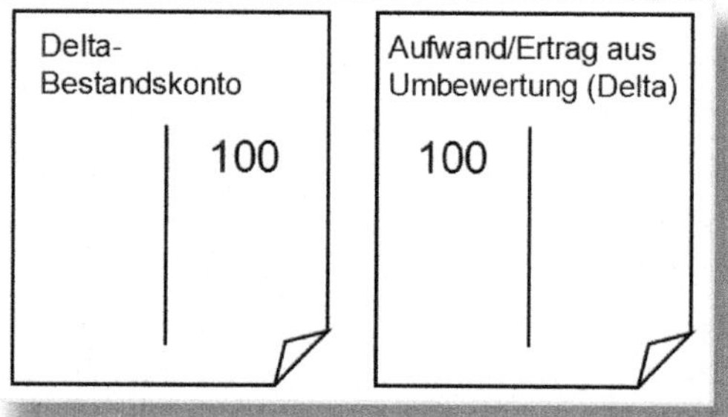

Abbildung 3.79: Deltabuchung zum Bestand

Bilanzbewertungsverfahren

Bis zum Release 6.0, EHP 4 war das Bilanzbewertungsverfahren noch recht rudimentär. Es erlaubte beispielsweise keine Darstellung der Ergebnisse nach Profitcentern, Segmenten oder Geschäftsbereichen, und wenn man die Deltabelege automatisch buchen lassen wollte, erhielt man eine Warnmeldung, dass SAP dies nicht empfehlen würde. Seit EHP 5 steht die Business Function FIN_GL_CI_2 zur Verfügung, mit der diese Funktionslücke geschlossen wird und die Deltabuchungen besser überwacht werden können.

Deltabuchung zum Bestand (BSD)

Das Bestandskonto für die pauschale Wertberichtigung hinterlegen Sie über den Vorgangsschlüssel *BSD*.

BSD folgt BSX

Wenn Sie unter dem Vorgangsschlüssel BSX (Bestandsbuchung, vgl. Abschnitt 3.1.1) mehrere Bewertungsklassen zu einem Konto zusammengefasst haben, müssen Sie die Bewertungsklassen auf die gleiche Weise auch beim Vorgangsschlüssel BSD zusammenfassen.

Lesen Sie dazu den SAP-Hinweis 1402728.

Aufwand/Ertrag aus Umbewertung (UMD)

Das Gegenkonto für die Deltabuchung pflegen Sie zum Vorgangsschlüssel BSD.

Die Vorgangsschlüssel BSD und UMD werden auch für den Alternativen Bewertungslauf im Material Ledger verwendet (siehe Abschnitt 3.4.6). Um die Buchungen aus beiden Sachverhalten sauber zu trennen, bietet es sich für die hier vorgestellten Deltabuchungen an, Kontomodifikationen zu verwenden. Um diese zu definieren, gehen Sie im Customizing über MATERIALWIRTSCHAFT • BEWERTUNG UND KONTIERUNG • BILANZBEWERTUNGSVERFAHREN zum Punkt DELTALAUF FÜR BILANZBEWERTUNG EINRICHTEN (Transaktion *DELTACUST*). Hier können Sie unter KONTO-MODIF eine Kontomodifikation eintragen. Pflegen Sie anschließend in der MM-Kontenfindung zu den Vorgangsschlüsseln BSD und UMD Konten für dieselben Kontomodifikationen, um eine Abgrenzung zum Material Ledger zu erreichen, die ohne Kontomodifikation gebucht werden.

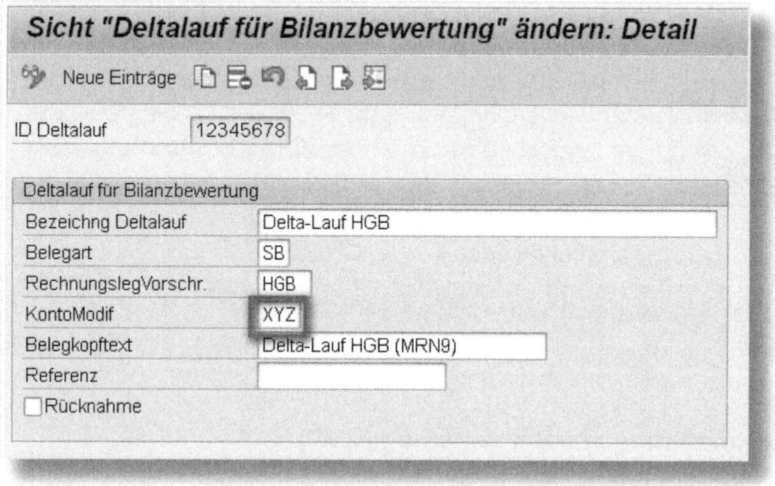

Abbildung 3.80: Deltalauf einrichten

3.7 Steuer

Bei Warenein- und -verkäufen müssen Sie als umsatzsteuerpflichtiges Unternehmen in der Regel *Vorsteuer* bzw. *Umsatzsteuer* ausweisen, um diese dann zum Periodenabschluss in der Umsatzsteuervoranmeldung auszuwerten. Darüber hinaus gibt es einige Länder, die besondere steuerliche Anforderungen haben, auf die das SAP-System vorbereitet ist – nur für ein Land, nämlich Brasilien, wird dafür sogar ein eigener Vorgangsschlüssel benötigt.

3.7.1 Vorsteuer

Sie müssen ein Konto hinterlegen, auf das die Vorsteuer gebucht wird, die Ihnen Lieferanten in Rechnung stellen. Beim Rechnungseingang erhöht sich der Rechnungsbetrag um die Vorsteuer (siehe Abbildung 3.81).

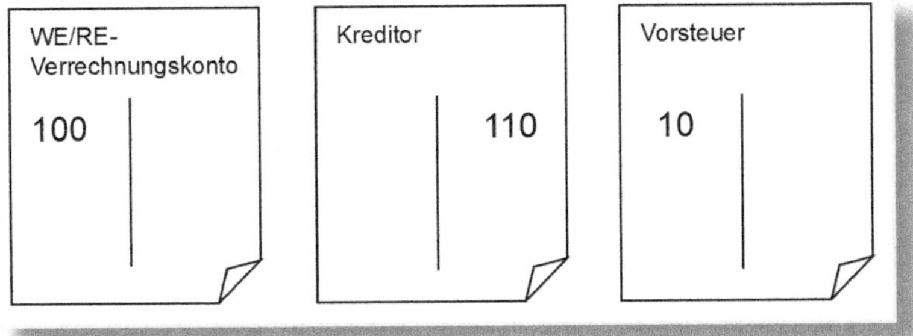

Abbildung 3.81: Rechnungseingang mit Vorsteuer

Buchen der Vorsteuer (VST)

Das Vorsteuerkonto hinterlegen Sie mithilfe des Vorgangsschlüssels *VST*.

3.7.2 Umsatzsteuer

Umsatzsteuer fällt typischerweise nur in Verkaufsszenarien an und wäre somit für die Materialwirtschaft eigentlich nicht relevant. In S/4HANA wurden jedoch einige Funktionalitäten in das Kernsystem mit aufgenommen, die vorher in externen Anwendungen abgebildet wurden, wie z. B. im Transportation Management oder im Customer Relationship Management. Außerdem wurden einige Funktionen erweitert, wie z. B. die Konditionskontraktabrechnung, die sowohl für Kreditoren als auch für Debitoren gilt.

Buchen der Umsatzsteuer (MWS)

Für den Fall, dass in einem Vorfall Umsatzsteuer anfällt, können Sie das dafür vorgesehene Konto mit dem Vorgangsschlüssel *MWS* ansteuern.

3.7.3 Nota Fiscal (Brasilien)

In Brasilien gibt es eine steuerliche Besonderheit für die Abwicklung von Verkäufen, die sogenannte *Nota Fiscal*.

Buchen von Nota Fiscal (TXO)

Falls Sie einen Buchungskreis in Brasilien haben, verwenden Sie den Vorgangsschlüssel *TXO*, um ein Konto für die Nota Fiscal anzugeben.

3.8 Inflationsbuchhaltung

In Ländern mit hoher Inflation ist es teilweise gesetzlich vorgeschrieben, zum Periodenende eine Inflationsbewertung für das Anlage- und Umlaufvermögen durchzuführen. Ein Beispiel hierfür ist Kolumbien.

3.8.1 Inflationsbuchungen

Wenn Sie die Inflationsbuchhaltung verwenden, führen Sie eine Inflationsabrechnung zum Periodenende durch, wobei die inflationsbedingten Anpassungsbuchungen auf bestimmten Konten erfolgen.

Inflationsbuchung (WGB)

Die Anpassungsbuchungen für die Inflation steuern Sie über den Vorgangsschlüssel *WGB* an.

Warenausgang Umbewertung Inflation (WGI)

Den Vorgangsschlüssel *WGI* verwenden Sie für bereits erfolgte Warenausgänge, für die Sie im Rahmen der Inflationsbuchhaltung nachträglich neue Marktpreise ermitteln.

Wareneingang Umbewertung Inflation (WGR)

Analog steht Ihnen für Wareneingänge im Rahmen der Inflationsbuchhaltung der Vorgangsschlüssel *WGR* zur Verfügung.

3.9 Obsolete Vorgangsschlüssel

Die folgenden Vorgangsschlüssel sind veraltet und werden ab den jeweils genannten SAP-Releases nicht mehr verwendet:

- WE/RE-Verrechnung für das Material Ledger (*WRY*): Wird seit dem Release R/3 4.0 nicht mehr benutzt.
- Kursdifferenzen Material Ledger aus Vorstufen (*KDV*): Wird seit dem Release S/4HANA 1610 nicht mehr benutzt.
- Preisdifferenzen Material Ledger aus Vorstufen (*PRV*): Wird seit dem Release S/4HANA 1610 nicht mehr benutzt.
- Gegenbuchung Preisdifferenzen für Kostenträgerhierarchien (*KTR*): Wird seit dem Release 1511 nicht mehr benutzt.
- Preisdifferenzen Produktkostensammler (*PRP*): Galt nur für das Release R/3 4.0.
- Gegenbuchung Preisdifferenzen Produktkostensammler (*PRQ*): Galt nur für das Release R/3 4.0.

4 Fazit

Die MM-Kontenfindung ist ein komplexes Regelwerk, das über die Jahre gereift ist. Noch immer existiert vonseiten der SAP keine Dokumentation darüber, wie die einzelnen Vorgänge in die Module MM, FI, CO, SD und PP integriert sind.

Dieses Buch möchte die Lücke schließen und hat den Anspruch, eine umfassende Dokumentation aller in der MM-Kontenfindung verwendeten Vorgangsschlüssel zu sein, die zudem anhand von Buchungsbeispielen erläutert sind. Ich hoffe, dass ich Ihnen damit zu mehr Klarheit bei Ihrer täglichen Arbeit oder Ihrem anstehenden Projekt verhelfen konnte.

Sollten Sie Kritik oder Anregungen zum Buch haben, gar einen Fehler in den Ausführungen finden oder eine Verständnisfrage stellen wollen, so diskutieren Sie gern mit mir auf *http://fico-forum.de* oder schreiben Sie mir eine Nachricht an *martin.munzel@espresso-tutorials.com*.

November 2019 Martin Munzel

Sie haben das Buch gelesen und sind mit unserem Werk zufrieden? Bitte schreiben Sie uns eine Rezension!

Unser Newsletter

Bleiben Sie stets informiert!

Aktuelle Neuerscheinungen und exklusive Rabattaktionen einmal im Monat per Mail direkt an Sie:

Melden Sie sich noch heute an unter *http://newsletter.espresso-tutorials.de*.

A Der Autor

Martin Munzel ist seit mehr als 20 Jahren im SAP-Umfeld tätig und hat in verschiedenen Positionen als Berater und Inhouse-Berater einen breiten praktischen Erfahrungsschatz erworben. Sein Schwerpunkt liegt auf den Modulen CO und PS; er verfügt aber auch über ein tiefes Integrationswissen zu den Modulen FI, MM, SD, PP und PM. Er hat erfolgreich SAP-Projekte in Europa, Asien und Nordamerika durchgeführt und hält regelmäßig Vorträge bei internationalen SAP-Konferenzen.

Martin Munzel ist Mitgründer und Geschäftsführer von Espresso Tutorials, einem jungen und weltweit aufgestellten Verlag für SAP-Fachbücher. Vor seiner beruflichen Laufbahn studierte er Betriebswirtschaftslehre und Wirtschaftsinformatik in Göttingen, Paderborn und Nottingham.

B Index

W

Z

C Disclaimer

Die in diesem Werk wiedergegebenen Gebrauchsnamen, Handelsnamen, Warenbezeichnungen usw. können auch ohne besondere Kennzeichnung Marken sein und als solche den gesetzlichen Bestimmungen unterliegen. Sämtliche in diesem Werk abgedruckten Bildschirmabzüge unterliegen dem Urheberrecht der SAP SE, Dietmar-Hopp-Allee 16, 69190 Walldorf.

In dieser Publikation wird auf Produkte der SAP SE Bezug genommen. SAP, R/3, SAP NetWeaver, Duet, PartnerEdge, ByDesign, SAP BusinessObjects Explorer, StreamWork und weitere im Text erwähnte SAP-Produkte und -Dienstleistungen sowie die entsprechenden Logos sind Marken oder eingetragene Marken der SAP SE in Deutschland und anderen Ländern. Business Objects und das Business-Objects-Logo, BusinessObjects, Crystal Reports, Crystal Decisions, Web Intelligence, Xcelsius und andere im Text erwähnte Business-Objects-Produkte und -Dienstleistungen sowie die entsprechenden Logos sind Marken oder eingetragene Marken der Business Objects Software Ltd. Business Objects ist ein Unternehmen der SAP SE. Sybase und Adaptive Server, iAnywhere, Sybase 365, SQL Anywhere und weitere im Text erwähnte Sybase-Produkte und -Dienstleistungen sowie die entsprechenden Logos sind Marken oder eingetragene Marken der Sybase Inc. Sybase ist ein Unternehmen der SAP SE. Alle anderen Namen von Produkten und Dienstleistungen sind Marken der jeweiligen Firmen. Die Angaben im Text sind unverbindlich und dienen lediglich zu Informationszwecken. Produkte können länderspezifische Unterschiede aufweisen.

Der SAP-Konzern übernimmt keinerlei Haftung oder Garantie für Fehler oder Unvollständigkeiten in dieser Publikation. Der SAP-Konzern steht lediglich für SAP-Produkte und -Dienstleistungen nach der Maßgabe ein, die in der Vereinbarung über die jeweiligen Produkte und Dienstleistungen ausdrücklich geregelt ist. Aus den in dieser Publikation enthaltenen Informationen ergibt sich keine weiterführende Haftung.

Weitere Bücher von Espresso Tutorials

Ingo Licha:

Rechnungsprüfung mit SAP® ERP (MM) – 2., erweiterte Auflage

- logistische Rechnungsprüfung im Kontext von SAP ERP
- Rechnungssperren, Freigaben und Vorabzahlungen
- Methoden der SAP-Rechnungsprüfung (Transaktion MIRO)
- Wichtige Customizingeinstellungen verständlich erklärt

http://5412.espresso-tutorials.com

Ingo Licha:

Bestandsführung und Kontenfindung in SAP® ERP MM

- Wert- und mengenmäßige Bestandsführung
- Sonderbestände, Konsignation, Pipeline und Lohnbearbeitung
- Umlagerung, Reservierungen, Retouren und Verfügbarkeitsprüfung
- Customizing der Bestandsführung und automatischen Kontenfindung

http://5058.espresso-tutorials.com

Ingo Licha:

Einkaufsorientierte Bedarfsplanung mit SAP®

- Bestellpunktdisposition, stochastische und rhythmische Disposition
- Materialstammdaten, inklusive Losgrößen und deren Berechnung
- Planung, Planverlauf, Bedarfs- bzw. Bestandslisten (MD04) und Prognosen
- Customizing der Grundeinstellungen und Prozesse

http://5084.espresso-tutorials.com

Christoph Theis, Stefan Eifler:

Werteflüsse in die SAP®-Ergebnisrechnung (CO-PA)

- Werteflüsse anhand des logistischen Verkaufs- und Produktionsprozesses
- Abstimmung zwischen FI und dem kalkulatorischen CO-PA
- Gemeinkosten und Abschlussarbeiten
- Ausblick auf SAP S/4 FinanceRechtliche Rahmenbedingungen und Systematik der Umsatzsteuer

http://5135.espresso-tutorials.de

Muhamed Karalic:

Praxishandbuch Materialstammdaten in SAP® ERP

- Grundlagen des Materialstamms
- Wechselwirkungen zwischen den Modulen
- Kosteneffiziente Beschaffungs- und Planungstechniken
- Best-Practice-Vorschläge für Bestandsführung und Qualitätskontrolle

http://5204.espresso-tutorials.de

Claudia Jost:

Lieferantenbeurteilung mit SAP® MM

- Lieferantenbeurteilung im SAP-Standard
- automatische Kennzahlenermittlung
- Bewertung nach harten und weichen Faktoren
- Lieferantenklassifizierung – Gruppieren im SAP-Klassensystem

http://5291.espresso-tutorials.de